JN092732

Gregory J. Chaitin

THE LIMITS OF MATHEMATICS

A course on information theory and the limits of formal reasoning

復刻改装版

数学の限界

He thought he had THE TRUTH

ω

グレゴリー・J・チャイティン

黒川利明●訳

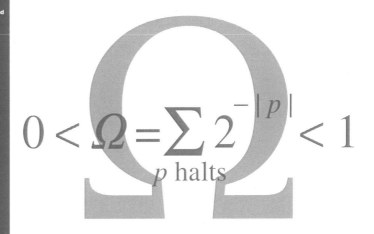

$$0 < \Omega = \sum_{p \ halts} 2^{-|p|} < 1$$

SiB
access

序

ニュージーランドのオークランド大学でのDMTC'96における
クリスチャン・カルードの紹介

　チャイティンは、10代ですでに、コルモゴロフやソロモノフと独立に、今日「アルゴリズム的情報理論」と呼ばれる分野を創っていました。彼は、この分野の建築家です。まだ高校生の1965年に、彼が書いたオートマトンの思考実験に関する論文は今でも興味深いものです。彼は、IBMに30年近く勤めており、RISC技術の開発に深く関わっていました。

　チャイティンの成果は広く引用されています。サイエンティフィック・アメリカン誌の寄稿者でもあるジョン・ホーガンが1996年に書いた「科学の終焉」（邦訳：竹内薫訳、徳間書店発行）という本に出ている彼の横顔が、私の好みです。彼は、多くの賞を受けています。プリゴジン、ベルギーの国王夫妻、日本の皇太子などの著名人から招待されてもいます。

　ごく簡単に「イヴのすべて」のベット・デービスを使わせてもらいましょう。「シートベルトをお締めください、揺れる話になりますわ」。みなさん、グレッグ・チャイティンです［笑いと拍手］。

はしがき

　もし災難が襲い、今まで書いたものが消滅する危機にさらされたら、本書こそ私が保存したい一冊です。本書には基本が書かれ、他はすべて技術的な細かい事柄です。本書は、数学の限界についての講義の最終版です。気に入った講義録については、聴衆を前にした生の講演の雰囲気を保とうと努めました。聴衆を前にすると、タイプライターに向かっているときには得られない特別なエネルギーが与えられます！

　三つの講義録の後に、補講として LISP のコードと *Mathematica* のコードが来ます。

　この講義では、新しい LISP 方言を作らなければなりませんでした。不幸にも私の LISP にマニュアルはありませんが、この講義中に説明をしています。LISP 実行の examples.rには、コメントをたくさん載せ、言語の特徴すべてを示しました。本書は、解説＋マニュアルになるものと考えています。

　最後に、LISP インタープリタ[†]のコードも載せました。これは 300 行の *Mathematica* プログラムです。

　ソフトウェアは短命で、どんどん変わり、同じところに留まるには、できるだけ速く走らなくてはなりません。コードは *Mathematica* 第 2 版で、最新の *Mathematica* 第 3 版ではありません[1]。C 言語のインタープリタも作りましたが、C 言語は遠くない将来 Java に取って代わられるかもしれません。この講義は最終形なので、ソフトウェアを固定することにしました。

　しかし、LISP コードがなくても、本書を読めば、基本の考えを理解できます。また、LISP インタープリタがなくても、LISP プログラムを読んで、流れを見ることができます。本質的なことはすべて本書に書かれています。LISP インタープリタを動かせると、確かに役に立ちます。「実地の」コンピュータ課程であるべきです。もっとも、コンピュータを使わずに数回講義した結果は、わくわくするほどではなかったにしても

[†]　改装復刻版にあたり著者からの追記。本書の Lisp、「WebAssembly Version of Chaitin's Lisp」は著者のホームページにある。インタープリタそのものは、http://www.weitz.de/chaitin/ に、ライブラリは https://github.com/darobin/chaitin-lisp/tree/master/book-examples にある。

[1]　（訳注）2020 年 12 月時点で最新版は *Mathematica* 12。https://www.wolfram.com/mathematica/に情報がある。オンライン版は無料で使用できる。

効果はあるようでした。

　頭の中で LISP コードを走らせることもできます。それは数学の伝統的方法です。プログラミング言語ではなく、形式体系と考えてください。

　米国のメーン州、自分のオフィス、ニューメキシコ州のサンタフェやアルバカーキ、ルーマニアの黒海沿岸、北極圏にあるスエーデンのアービスコやフィンランドのロバニエミ、ヘルシンキ、コペンハーゲン、ニュージーランドのオークランドで、この講義を楽しみました。これらの招待には大変感謝しています。おかげで、このアイデアを追求し、ソフトウェアをいくつも作ることができました。George Markowsky、John Casti、Cris Calude、Walter Meyerstein、Bernard Moret、Ed Angel、Veikko Keränen、Gautam Dasgupta、Klaus Sutner、Tor Nørretranders、Anders Karlqvist に感謝します。

　サンタフェ研究所にも感謝します。定期的訪問は楽しみでした。本書所収の二章は、サンタフェでの講義です [2]。John と Vivien の Casti 夫妻の家で、一晩眠らず重要な問題をいくつか解いたことをまだ覚えています。

　また、IBM がなくては、何も起こらなかったでしょう。IBM は私の研究を 30 年間支えてくれました。特に私の現在のマネージャ、Lee Nackman と Ambuj Goyal に感謝します。彼らのおかげで本書を書き上げることができました。私の講義への聡明で決断力のある参加者、勇敢なパイオニアをたたえます！みなさん、ありがとう [3]。最後になりましたが、Hans-Christian Reichel には、ゲーデルが講義したウィーン大学の教室で、口絵（原著）の写真を撮ってくれたことに感謝します。

　1997 年 4 月

　　　　　　　　　　　　　　　　　　　グレゴリー・チャイティン

2　　（訳注）どれが、そうかは明らかでない。講義録とされている三つの章には、ニューメキシコ大学とオークランド大学で録画されたと本文中に注がある。

3　　（訳注）原文は、"Merci beaucoup"（メルシーボクゥ、フランス語）および "Tusind tak"（チューセンタック、デンマーク語）。

目　次

序 3

はしがき 5

第1講　算術におけるランダム性と純粋数学における還元主義の衰退 11
第2講　エレガントな LISP プログラム 33
第3講　アルゴリズム的情報理論への招待 57

補講1　数学の限界 83

     examples.r　　89
     godel.r　　109
     utm.r　　112
     godel2.r　　116
     omega.r　　118
     omega2.r　　120
     omega3.r　　123
     godel3.r　　125

補講2　*Mathematica* による LISP インタープリタ 129

訳者あとがき 137

彼は、真実を知っていると思っていたんだ！

GWEN、ノーマン・チャイティンの劇、「オフ・ブロードウェイ」の文学エージェント

算術におけるランダム性と
純粋数学における還元主義の衰退

［理論計算機科学ヨーロッパ協会の会報 50 号（1993 年 6 月）314-328 ページ］
1992 年 10 月 22 日木曜日、ニューメキシコ大学での数学-計算機科学セミナーでの講演。
講演は録画されました。これは編集済み講義録です。

1──ヒルベルトの公理的方法

　先月、私は、チューリングが研究をしていたケンブリッジ大学での還元主義シンポジウムで話しました。その話を繰り返し、私の研究が、チューリングの研究をどのように拡張しているかを説明します。先ほどの二人の講演者がヒルベルトを悪くおっしゃっていましたので、私は、ヒルベルトは愚かではなかったということから始めます。

　ヒルベルトの考えは、ユークリッドの公理的幾何学から、ライプニッツの記号論理の夢、ホワイトヘッドとラッセルの不朽の名著「数学原論」(*Principia Mathematica*) にまでいたる 2000 年の数学的伝統の頂点に立つものです。ヒルベルトの夢は、数学的理論の方法を明確にすることでした。ヒルベルトは、数学すべてを包含する形式公理系を開発したかったのです。

　　　形式公理系
　　　→
　　　→
　　　→

　ヒルベルトは、この形式公理系が持つべき重要な特質を強調しました。それはコンピュータのプログラミング言語のようなものです。数学者として行っている理論手法、仮説、推論手法を正確に述べることです。さらに、ヒルベルトは、構築しようとする全数学を包含する形式公理系は、「無矛盾で」、「完全な」ものであるべきだという条件を明記しました。

形式公理系

→　無矛盾

→　完全

→

　無矛盾とは、ある主張とその逆の主張を同時に証明できてはならないことを意味します。

形式公理系

→　無矛盾 $A \neg A$

→　完全

→

A と非 A が同時に証明できてはなりません。それでは非常に困ります。

　完全性とは、意味のある主張には、証明ができるはずだということです。A であるかまたは A でないかが定理となり、形式公理系の推論規則を使って、公理から証明可能ということです。

形式公理系

→　無矛盾 $A \neg A$

→　完全 $A \neg A$

→

　意味のある主張 A とその逆の非 A を考えましょう。形式公理系が無矛盾かつ完全なら、どちらか一つが必ず証明できるはずです。

　形式公理系は、プログラミング言語のようなものです。そこには、文字と文法、すなわち、形式構文があります。今や、私たちに親しいものです。ラッセルとホワイトヘッドの記号満載の膨大な三巻本（『数学原論』）を見返して下さい。理解しがたいプログラミング言語で書かれた巨大コンピュータプログラムを見ているように感じることでしょう。

　ここで非常に驚くべき事実があります。無矛盾かつ完全とは、ひたすら真実そのものを意味しています。これは理にかなった要件に思えますが、決定問題、ドイツ語の Entscheidungsproblem に関連するおかしな結論があります。

形式公理系

- → 無矛盾 $A \neg A$
- → 完全 $A \neg A$
- → 決定問題

ヒルベルトは、決定問題を非常に重要なものとしました。

ヒルベルト
形式公理系
- → 無矛盾 $A \neg A$
- → 完全 $A \neg A$
- → 決定問題

　形式公理系に対する決定問題を解決することは、与えられた意味のある主張がどんなものであれ、それが定理であるかどうかの決定を可能にするアルゴリズムを与えることです。

ヒルベルト
形式公理系
- → 無矛盾 $A \neg A$
- → 完全　 $A \neg A$
- → 決定手続き

　これは奇妙です。ヒルベルトが構築しようとしていた形式公理系は、あらゆる数学、つまり初等算術、微積分、代数、あらゆるものを含んでいます。決定手続きがあるなら、数学者は失業です。このアルゴリズム、機械的手続きは、あることが定理かどうか、成り立つかどうかをチェックできます。この形式公理系に対する決定手続きが存在すべきだというのは、あまりに多くを求めているように思えます。
　しかし、無矛盾かつ完全ならば、決定手続きがなければならないことが導かれるということを確かめるのは、非常に簡単です。次のようにすればよいのです。有限個の文字と文法からなる形式言語があります。ヒルベルトが強調していたように、形式公理系の肝心な点は、証明と称するものが正しいどうか、規則に従っているかどうかをチェックする機械的手続きが存在しなければならないことです。それは、数学的真実は客観的であるべきで、証明が規則に則っているかどうかは誰にでも分かるということです。
　したがって、まず、証明のすべての候補を大きさの順に並べます。すなわち、1文

字の証明、2文字の証明、3文字、4文字、そして、1000文字の証明、1001文字、...、10万文字の証明と、すべての証明の候補を並べて調べることができます。形式公理系の本質である機械的手続きを使って、それぞれの証明が妥当かどうかチェックします。もちろん、ほとんどの候補は、無意味で、文法にすらかなっていないでしょう。しかし、結局は、あらゆる証明が見つかるはずです。100万頭のサルにタイプさせるようなものです。すべての証明が見つかるというのは、もちろん原理的にそうなるはずだというだけです。候補の個数は指数関数的に増えるので、実際には不可能です。1ページ分の証明にもたどり着かないでしょう。

しかし、原理的には、すべての証明候補を調べて、どれが妥当か検査し、何を証明しているのか確認できます。そうやって、全定理を系統的に発見できます。言い換えると、形式公理系で実証できるすべての定理を生成する機械的手続き、アルゴリズムが存在します。そこで、公理系の意味のある主張に関して、それが定理になるのか、あるいは、その逆が定理になるのか定める決定手続きが得られます。定理かどうか確認するには、すべての証明候補の中にその主張があるかどうか調べればよいのです。なければ、その主張の逆が証明できました。

そこで、ヒルベルトは、あらゆる数学的問題を解決できるだろうと実際に信じていたように思えます。驚くべきことですが、そのようです。彼は、全数学の無矛盾で完全な形式公理系を確立し、そこからあらゆる数学のための決定手続きを獲得できると信じていました。これは、数学における形式的公理的伝統に従っているだけです。

しかし、それが実用的な決定手続きだとは考えていなかったと私は思います。今述べた決定手続きは原理的に可能なだけです。指数関数的にひどくのろいのです。全く役に立ちません。でも、アイデアとしては、数学者みんなが証明の正しさに、無矛盾かつ完全かどうかに同意できるなら、どんな数学的問題も自動的に解決する決定手続きが、原理的には存在するということです。これは、ヒルベルトの途方もない夢でした。それは、ユークリッド、ライプニッツ、ブール、ペアノ、ラッセルとホワイトヘッドという流れの頂点を極めることでした。

もちろん、この刺激的なプロジェクトのただ一つの問題は、これが不可能だと判明したことです！

2——ゲーデル、チューリング、カントールの対角線論法

ヒルベルトは、本当に人を奮い立たせます。1900年の有名な講演では、23個の難しい問題を解くよう数学者軍を召集しました。数学者になろうとしている小さい子供に

帰って、この23個の問題を読むと、ヒルベルトは、数学者のできることに限界はないと言っています。十分賢く、たっぷり時間をかければ、問題を解くことができる。彼は、数学の達成しうることに原理的に限界はないと信じていました。

　私もこれは非常に刺激的だと思います。フォン・ノイマンもそう思いました。若くして、ヒルベルトの野心的プログラムを実行しようとしたのです。実のところ、1、2、3、4、5、…という初等整数論から始め、実数からではありません。

　しかし、1931年に、（フォン・ノイマンも含めて）みなが大変驚いたことに、ゲーデルは、それが不可能であると、達成不能だと証明しました。みなさんご存じの通りです。

ゲーデル　1931

　これは、みなが期待していたのとは反対でした。ノイマンは、ヒルベルトの計画が達成できないとは思いもよらなかったと言っています。彼は、ゲーデルを非常に尊敬していたので、プリンストン高等研究所の終身研究員となるよう助けました。

　ゲーデルの証明は、次の通りです。自然数と足し算および掛け算からなる初等整数論の形式公理系を考えます。最小限の要求として、無矛盾だと仮定します。もし、虚偽の結果が証明できるなら、たまりませんから。ゲーデルが示したのは、無矛盾だと仮定すると、それは不完全なことが証明できるということです。これがゲーデルの（不完全性定理という）結果です。証明は非常に賢く、自己言及を使います。ゲーデルは、それが証明不能であると自己言及している自然数全体についての主張を組み立てることができました。これは途方もない衝撃でした。ゲーデルの知的想像力を賞賛すべきです。他の人はみなヒルベルトが正しいと思っていたのです。

　しかしながら、1936年のチューリングのやり方がもっと良いと私は思います。

ゲーデル　1931
チューリング　1936

　1931年のゲーデルの証明は独創的で、離れ業とも言えるものです。恥ずかしい話ですが、子供の頃に、理解しようと、証明を読んで、一歩一歩たどっていったのですが、理解したとは思えませんでした。チューリングの方法は、全く違います。

　チューリングのやり方は、ある意味でより基本的だと言ってよいでしょう。実際、チューリングはゲーデルより多くのことをしました。ゲーデルの結果を系として得ただけでなく、決定的手続きが存在しえないことまで示しました。

　算術の形式公理系があり、無矛盾と仮定するなら、ゲーデルにより、それは完全で

はありえませんが、決定手続きはあるかもしれません。与えられた主張が真かどうかを決定する機械的手続きがあってもよいのです。ゲーデルは、これを未解決のままにし、チューリングが解決しました。決定手続きが存在しえないという事実は、より基本的であり、その系として、不完全という結果が出ます。

　チューリングはどのようにしたのでしょうか？　私の研究の出発点でもあるので、彼がどうしたかを説明します。その方法は、お聞き及びのように、停止問題に関係します。実のところ、チューリングの1936年の論文には「停止問題」という言葉は見当たりません。しかし、アイデアはその通りです。

　チューリングが「計算可能数」について述べたことも忘れられています。論文の題名は「計算可能数と決定問題への応用について」です。停止問題は解決不能で、この論文から始まったことは誰もが覚えていますが、チューリングが計算可能な実数について述べていたことを覚えている人はそれほどありません。私の研究では、計算可能な実数と劇的に計算不能な実数を扱います。そこで、チューリングの議論について、みなさんの記憶を新たにしたいと思います。

　チューリングの議論こそヒルベルトの夢を壊したものですが、実に単純なものです。それは、計算可能な実数に適用したカントールの対角線論法にすぎません。一言で言えば、それだけですが、数学とは何なのか考えてきた数学者の2000年の極みであるヒルベルトの夢が間違いだという事を示すのに十分です。チューリングの研究は非常に奥深いものです。

　チューリングの論法とは何でしょうか？　実数、例えば $\pi = 3.1415926...$ は、任意の精度、無限桁数を持ちます。計算可能実数とは、チューリングの定義によると、桁を順次計算するコンピュータプログラム、すなわちアルゴリズムが存在するものです。π を計算するプログラムがあり、整数係数を持つ代数方程式の解を求めるアルゴリズムがあります。実際、解析で扱う数のほとんどは、計算可能です。しかし、集合論を知っているなら、これらは例外だということもご承知でしょう。なぜなら、計算可能実数の個数は可算個ですが、実数の個数は非可算個ですから。これがチューリングの考えの真髄です。

　議論は次の通りです。すべてのコンピュータプログラムを並べます。当時は、まだコンピュータプログラムはなく、チューリングは、チューリングマシンを発明しなければなりませんでした。これは途方もない一歩でした。今日では、あらゆるコンピュータプログラムのリストを想像していただければよいのです。

p_1　　**ゲーデル**　1931
p_2　　**チューリング**　1936

p_3
p_4
p_5
p_6
$\vdots$

　コンピュータプログラムが2進数で記述されていると考えれば、それを自然数と見な
してもよいでしょう。次に、コンピュータプログラムの隣りに、そのプログラムが計算
する実数を書き出します（実数を計算しないプログラムもあってよいでしょう）。実数の
無限の桁数を書き出します。例えば、3.1415926...です。この作業を続けていきます。

p_1　　3.1415926...　　**ゲーデル　1931**
p_2　　...　　　　　　　　**チューリング　1936**
p_3　　...
p_4　　...
p_5　　...
p_6　　...
$\vdots$

　この表ができたとします。プログラムの中には、無限桁数を印刷しないのもあるで
しょう。途中で停止したり、エラーがあって自爆したからです。その場合には空白行
を置きます。

p_1　　3.1415926...　　**ゲーデル　1931**
p_2　　...　　　　　　　　**チューリング　1936**
p_3　　...
p_4　　...
p_5
p_6　　...
$\vdots$

これは重要ではないので忘れてください。
　カントールの対角線論法に従い、チューリングは、最初の数の1桁目、2番目の2桁
目、3番目の3桁目というふうに、対角方向に桁の数値を拾っていきます。

p_1　　$-. \underline{d_{11}}\, d_{12}\, d_{13}\, d_{14}\, d_{15}\, d_{16} \ldots$　　**ゲーデル　1931**
p_2　　$-. d_{21}\, \underline{d_{22}}\, d_{23}\, d_{24}\, d_{25}\, d_{26} \ldots$　　**チューリング　1936**
p_3　　$-. d_{31}\, d_{32}\, \underline{d_{33}}\, d_{34}\, d_{35}\, d_{36} \ldots$
p_4　　$-. d_{41}\, d_{42}\, d_{43}\, d_{44}\, d_{45}\, d_{46} \ldots$

$$p_5$$
$$p_6 \quad \text{—.} \, d_{61} \, d_{62} \, d_{63} \, d_{64} \, d_{65} \, \underline{d_{66}} \, ...$$
$$\vdots$$

　ここでは、小数点の後の小数部の桁の話をしています。最初の数の小数点の後の1番目の桁、2番目の数の小数点の後の2番目の桁、3番目の数の小数点の後の3番目の桁、4番目の数の小数点の後の4番目の桁、5番目の数の小数点の後の5番目の桁というわけです。5番目のプログラムに5番目の桁がなくても、それは構いません。

　今度は、数字を変えます。全部変えるのです。対角線上のすべての桁の数を変えます。小数点の後に、変えた数を桁順に並べると、新しい実数が得られます。これぞカントールの対角線的手続きです。この実数は、最初の数とは1桁目、次の数とは2桁目、3番目とは3桁目が異なる数字になっています。

$$p_1 \quad \text{—.} \, \underline{d_{11}} \, d_{12} \, d_{13} \, d_{14} \, d_{15} \, d_{16} \, ... \qquad \text{ゲーデル} \quad 1931$$
$$p_2 \quad \text{—.} \, d_{21} \, \underline{d_{22}} \, d_{23} \, d_{24} \, d_{25} \, d_{26} \, ... \qquad \text{チューリング} \quad 1936$$
$$p_3 \quad \text{—.} \, d_{31} \, d_{32} \, \underline{d_{33}} \, d_{34} \, d_{35} \, d_{36} \, ...$$
$$p_4 \quad \text{—.} \, d_{41} \, d_{42} \, d_{43} \, \underline{d_{44}} \, d_{45} \, d_{46} \, ...$$
$$p_5$$
$$p_6 \quad \text{—.} \, d_{61} \, d_{62} \, d_{63} \, d_{64} \, d_{65} \, \underline{d_{66}} \, ...$$
$$\vdots$$
$$\text{.} \neq d_{11} \neq d_{22} \neq d_{33} \neq d_{44} \neq d_{55} \neq d_{66} \, ...$$

　この新しく作られた実数は、構成方法から明らかに、このプログラム（＝実数）表に含まれることはありえません。すなわち、計算不能な実数なのです。チューリングは、ここからどうやって停止問題に行き着くのでしょうか？ **なぜ計算できないのか考えてください。**この実数の構成法はすでに説明しました。ほとんど構成できそうに見えませんか？ この数の N 桁目を計算するのには、N 番目のコンピュータプログラムを使い、稼動させて N 桁目を計算して出力したところで、その値を変えるのです。何が問題でしょう。簡単そうです。

　問題は N 番目のコンピュータプログラムが N 番目の桁を決して出力できないとすれば、何が起こるかということです。じっと座って待つのでしょうか？ これこそ停止問題です。N 番目のコンピュータプログラムが、N 番目の桁を果たして出力できるかどうかを決定できないのです。こうやってチューリングは、停止問題の解決不能性を得ました。停止問題を解けるなら、N 番目のコンピュータプログラムが N 桁目を出力するかどうかを決定できます。そうすれば、カントールの対角線的手続きを実行し、どんな計算可能実数とも異なる実数を計算できてしまいます。それがチューリングの独

創的論法です。

　これがなぜヒルベルトの夢を壊したのでしょうか？ チューリングは何を証明した
のでしょうか？ N番目のコンピュータプログラムが N番目の桁を出力するかどうか
を決定するアルゴリズム、すなわち機械的手続きが存在しないということです。コン
ピュータプログラムが停止するかどうかを決定するアルゴリズムは存在しないので
す（N番目のプログラムによって出力される N番目の桁を発見するのは、その特別な
場合です）。さて、ヒルベルトが望んだものは、すべての、それ以上でもそれ以下でも
ない、数学的真実そのものが導出される形式公理系でした。ヒルベルトの望みがかな
えられたら、コンピュータプログラムが停止するかどうかを決定する機械的手続きが
分かるはずです。なぜかって？

　すべての可能な証明を調べれば、プログラムが停止するという証明を見つけるか、
決して停止しないという証明を見出すかのどちらかだからです。したがって、すべて
の数学的真実が従う公理の有限集合というヒルベルトの夢が可能なものなら、すべて
の可能な証明を調べて、コンピュータプログラムが停止するかどうかを決定できま
す。原理的にできてしまうのです。しかし、実際には、**できません**。カントールの対
角線論法を計算可能実数に適用したチューリングの非常に単純な議論によってです。
何と単純でしょう！

　ゲーデルの証明は独創的だが難解です。チューリングの論法は大変基本的で、深遠
で、すべてが自然で必然だと思えます。もっとも、彼はゲーデルの研究成果の上に構
築しているのですが。

3——停止確率とアルゴリズムのランダムさ

　私が、チューリングと計算可能実数について話したのは、計算不能な実数、チュー
リングのよりはるかに計算不能な実数を作るために異なる手続きを使うためです。

p_1　　$-.\underline{d_{11}\,d_{12}\,d_{13}\,d_{14}\,d_{15}\,d_{16}}\ldots$　　ゲーデル　1931
p_2　　$-.d_{21}\,\underline{d_{22}\,d_{23}\,d_{24}\,d_{25}\,d_{26}}\ldots$　　**チューリング**　1936
p_3　　$-.d_{31}\,d_{32}\,\underline{d_{33}\,d_{34}\,d_{35}\,d_{36}}\ldots$　　計算不能実数
p_4　　$-.d_{41}\,d_{42}\,d_{43}\,\underline{d_{44}\,d_{45}\,d_{46}}\ldots$
p_5
p_6　　$-.d_{61}\,d_{62}\,d_{63}\,d_{64}\,d_{65}\,\underline{d_{66}}\ldots$
$\vdots$
$. \neq d_{11} \neq d_{22} \neq d_{33} \neq d_{44} \neq d_{55} \neq d_{66} \ldots$

こうやってますますやっかいな問題に引き込まれるのです。

　はるかに計算不能な実数をどのように手に入れるのでしょうか（どれほど計算不能かを後で述べます）。これは、カントールの論法ではありません。この数を Ω と呼びますが、次のようになります。

$$\Omega = \sum_{p\,\text{停止}} 2^{-|p|}$$

　これは停止確率です。数学的な洒落のようなものです。チューリングの基本的結果では、停止問題は解決不能です。停止問題を解決するアルゴリズムはありません。私の基本的結果では、停止確率は、アルゴリズム的に既約であるか、アルゴリズム的にランダムです。

　停止確率とは正確には何でしょうか？　式を次のように書きました。

$$\Omega = \sum_{p\,\text{停止}} 2^{-|p|}$$

　プログラムを個別に調べて、停止するかどうか考える代わりに、すべてのコンピュータプログラムを袋に詰め込んだとします。コンピュータプログラムをビットの列と見なします。硬貨を投げてビットを決めるという方法で、ランダムにプログラムを生成するとしたら、プログラムが停止する確率はどうなるでしょうか？　プログラムをビット文字列と考えて、各ビットを独立に公正な硬貨投げによって生成します。そこで、プログラムが N ビットの長さなら、そのプログラムを得る確率は 2^{-N} になります。

　ところで、非常に重要な技術的に細かい点があります。かつての、アルゴリズム的情報理論の初期には問題がありました。次のようには書けなかったのです。

$$\Omega = \sum_{p\,\text{停止}} 2^{-|p|}$$

　この値が無限になったからです。細かく述べると、正当なプログラムの拡張が正当なプログラムにならないのです。そこで、

$$\Omega = \sum_{p\,\text{停止}} 2^{-|p|}$$

という合計の値が、0か1になったのです。それ以外は無限になりました。これを正すのに10年かかりました。もとの1960年のアルゴリズム的情報理論は間違っていました。間違っているという理由の一つは、この数を定義さえできないということです。

$$\Omega = \sum_{p\,\text{停止}} 2^{-|p|}$$

　1974年に、私は「自己限定」プログラムについてのアルゴリズム的情報理論をやり

直し、停止確率 Ω を発見しました。

　これは、他の確率同様 0 と 1 との間の値です

$$0 < \Omega = \sum_{p \, \text{停止}} 2^{-|p|} < 1$$

考え方は、硬貨を投げて、プログラムの各ビットを生成し、プログラムの停止確率
を求めることです。この停止確率 Ω は、チューリングが知っていた単なる計算不能
実数ではありません。最悪の方法で計算不能なのです。どんなに計算不能かという
手掛かりをみなさんに示しましょう。

　一つは、これがアルゴリズム的に圧縮不能だということです。Ω の最初の N ビット
を計算するコンピュータプログラム、すなわち Ω の最初の N ビットを印刷して停止
するコンピュータプログラムは、少なくとも N ビットの長さが必要です。本質的に
は、プログラムにある定数を印刷するだけなのです。Ω の最初の N ビットをこれ以上
圧縮することはできません。

$$0 < \Omega = \sum_{p \, \text{停止}} 2^{-|p|} < 1$$

　Ω は、実数ですから、2 進法でも書けます。コンピュータプログラムから最初の N
ビットを取り出すためには、それらを入れておかなくてはならないということが本質
的です。これが既約アルゴリズム的情報です。Ω に対してこれ以上に簡潔な記述は存
在しません。

　これまでは抽象的な記述をしてきました。Ω がどんなにランダムかをもっと具体
的な例で示しましょう。エミール・ボレルは、20 世紀への変わり目に確率論を確立し
たうちの一人です。

$$0 < \Omega = \sum_{p \, \text{停止}} 2^{-|p|} < 1$$

ボレル

質問：その前に非常に簡単な質問をしてよろしいですか？
答：はい。
質問：なぜ Ω が確率なのか分かりません。二つの 1 ビットプログラムがどちらも停
　　止したらどうなりますか？ 二つの 1 ビットプログラムがどちらも停止し、しかも、
　　他のプログラムが停止したらどうでしょう。Ω は 1 より大きくなり、確率ではなく
　　なります。
答：すでに申し上げたように、妥当なプログラムの拡張は、妥当なプログラムには
　　なりません。

質問：他のプログラムは停止できないのですね。

答：二つの1ビットプログラムが、存在しうるプログラムのすべてです。したがっ
　　て、この数は、普通の方法でプログラムを考えたのでは、定義できないのです。

$$0 < \Omega = \sum_{p \, 停止} 2^{-|p|} < 1$$

さて、ボレルの登場です。彼は、正規数について述べました。

$$0 < \Omega = \sum_{p \, 停止} 2^{-|p|} < 1$$

ボレル——正規実数

正規実数とは何でしょうか？ πは10億桁おそらく20億桁まで算出されています。
その理由には、山登りや世界記録以外に、数字が同じ回数だけ出現するかどうかとい
う疑問があります。0から9までの数字は、πの小数展開中に10%ずつ出現するよう
に思えます。しかし、証明できた人は未だいません。についても同じことが言えると
思いますが、πほどには有名ではありません。

　ボレルが現代の確率論の草分けであった、20世紀初めの研究について述べます。単
位間隔内に実数を一つ取り上げます。整数部分はなく、小数点の後の実数部分だけを
扱います。単位間隔で実数を取り上げる場合には、確率1で「正規」となることをボ
レルは示しました。正規とは、小数表記で各数字が極限では正確に10%ずつ出現する
ことです。他の基底でも同じことが言えます。たとえば2進法では、極限で0と1と
が50%ずつ出現します。複数の数字の塊についても同じことが言えます。これをボレ
ルは絶対正規実数と呼び、0と1の間でランダムに実数を取り出すと、その実数は、確
率1でこの性質を持つことを証明しました。しかし、一つだけ問題がありました。具
体的に、πが正規数かどうか、が正規数かどうか分からなかったのです。正規実数の
実例を一つも示すことができませんでした。

　正規実数の最初の例は、チューリングの友人である、ケンブリッジ大学のチャンパ
ーナンによって発見されました。彼はまだ生きており、経済学者としてよく知られて
います。チューリングは彼に注目していました。彼をチャンプと呼んでいたはずです。
チャンプは、これを学部学生のときに発表したからです。これはチャンパーナン数と
して知られています。それを次に示しましょう。

$$0 < \Omega = \sum_{p \, 停止} 2^{-|p|} < 1$$

ボレル——正規実数
チャンパーナン

.01234567891011121314...99100101...

　まず小数点を書き、それから 0、1、2、3、4、5、6、7、8、9 そして 10、11、12、13、14 から 99、100、101 と書いていきます。これをずっと続けてください。これがチャンパーナン数です。チャンパーナンは、それが 10 を底にするとき正規だということを証明しました。ただし、10 を底にするときだけです。他の数を底にすると正規かどうかは分かりません。未解決な問題だと思います。だが、10 を底にすると、0 から 9 までの数字が極限で正確に 10% ずつ出現するだけでなく、数字を 2 桁ずつ区切ると各々の組み合わせは、正確に 1% 出現し、3 桁ずつ区切ればそれぞれ 0.1% ずつ出現します。これは底 10 で正規ですが、他の底ではどうなるか誰にも分かりません。

　これをしつこく言っているのは、停止確率 Ω がアルゴリズム的に既約な情報であるという事実から、どんな底でも正規であるということが導かれるからです。この証明は容易です。シャノンに従って、情報の符号化と圧縮という考えを使えばよいのです。こうして、絶対正規数の例が得られました。これをみなさんがどの程度に自然と思うか存じませんが、ボレルの要求をきちっと満たす正規数です。チャンパーナン数はかないません。

　この数 Ω は、実際もっと多くの意味でランダムです。公正な硬貨による独立したコイン投げの結果と区別がつきません。実際、この数 Ω は、完全なランダムさ、カオス、予測不能性、純粋数学における構造の欠如を示しています。チューリングがヒルベルトの夢を壊すのに使ったのは対角線論法でした。

$$0 < \Omega = \sum_{p \text{ 停止}} 2^{-|p|} < 1$$

という式は、推論が全く役に立たない純粋数学の領域が存在することを示します。通り抜けられない壁に立ち向かうのです。それが、この停止確率なのです。

　なぜ、こんな話をしているのか？ この数 Ω が何ビットなのか証明するとしましょう。計算不能だとすでに申し上げました。チューリングがカントールの対角線論法で作った数と同じく計算できません。したがって、Ω を 1 桁ずつ計算するアルゴリズムは存在しません。しかし、ある桁のビットが何かを形式公理系を使って証明することにしましょう。何が起こるでしょうか？

　状況は最悪です。N ビットの形式公理系である形式公理系を考えます（この意味は後で説明します）。計算量 N、つまり N ビットの大きさの形式公理系を用いると、Ω の高々 $N + c$ ビットについて、位置と値が何かを証明できます。

　さて、N ビットの大きさの形式公理系とは何でしょうか？ 形式公理系の本質は、形式的証明が規則に従っているかどうかをチェックする機械的手続きでした。つまり、コン

ピュータプログラムです。もちろんヒルベルトの時代には、まだプログラムはありませんでしたが、チューリングマシンの発明後は、コンピュータプログラムを正確に規定できるようになりましたし、今では、ありふれたものになっています。

　ヒルベルトの意味での形式公理系の本質をなす証明検査アルゴリズムとは、コンピュータプログラムです。このプログラムの長さは何ビットか[4]、考えてください。それは、本質的には、ゲームの規則、すなわち公理と公準および推論規則を規定するのに何ビット必要かということです。それが N ビットなら、例えば、Ω の最初のビットが02桁目は1、3桁目は0、間があいて、1000桁目が1だと証明できるかもしれません。しかし、N ビットの形式公理系では、N 個の場合しか扱えません。

　この意味をもっと説明します。入れただけのものしか出せないということです。実数 Ω の2進数展開の特定桁のビットが0か1かを証明するには、本質的には、唯一の方法は仮説、公理、または公準とするしかないということです。すなわち既約な数学情報ということです。アイデア全体のキーフレーズです。

既約数学情報

$$0 < \Omega = \sum_{p \text{停止}} 2^{-|p|} < 1$$

エミール・ボレル——正規実数
チャンパーナン
.01234567891011121314...99100101...

　さて、何が分かったのでしょうか？ 完全にとらえどころのない単純な数学的対象を得ました。Ω のビットには構造がありません。パターンもありません。数学者が把握できる構造がないのです。この数の特定の桁のビットが1か0かを証明するには、数学的推論は全く役に立ちません。推論しようとしても、何も出ません。すでに述べたように、この形式公理系から結果を得る唯一の方法は、結果を仮定として公理系に入れることです。これは、推論を使わないということです。公準として付け加えるなら、何であれ証明できてしまいます。これは最悪の事態です。これが、既約数学情報ということです。認めうるいかなる構造も相関もパターンもないのです。

4　（原注）実は、定理の全集合を数え上げるコンピュータプログラムの大きさを、形式公理系の計算量とするのが最良です。

4——算術におけるランダム性

　さて、こういったことが算術におけるランダム性とどう関連するのでしょうか？
まずは、ゲーデルに戻りましょう。かなりすっ飛ばしましたから、戻ることにしまし
ょう。

　チューリングによると、プログラムが停止するかどうか決定するのには、証明を使
うことができません。どうやっても、プログラムが停止するかどうかを証明できない
のです。ヒルベルトの普遍数学の夢はそうやって壊れたのです。異なった質問に目を
向けると、もっとやっかいなことになります。

$$0 < \Omega = \sum_{P\,\text{停止}} 2^{-|p|} < 1$$

すなわち、この実数 Ω の5番目のビットが0か1か、あるいは、8番目のビットが0
か1かを証明できるでしょうか？ これは奇妙な質問です。（チューリングが論文を
発表した）1936 年に、誰か停止問題について聞いたことがあったでしょうか？ これ
は、数学者が普通頭を悩ますような事柄ではありません。厄介なことであり、普通
の数学から取り除かれた疑問なのです。

　プログラムが停止するかどうかを常に証明できる形式公理系がないとしても、他の
ことには問題ないかもしれません。これは、ヒルベルトの夢の**修正版**です。1936 年に
は確かにそうだったように、停止問題が奇妙に見えるなら、Ω は、全く新しく、確か
に奇妙に見えます。停止確率のことを誰か聞いたことがあるでしょうか？ それは数
学者が普通扱うものではありません。このような不完全定理がどうしたというのでし
ょうか！

　ゲーデルは、真実だが証明不能な主張を持って、この問題に直面していました。そ
れは証明不能だと自ら述べている主張です。それも、現実の数学には決して現れない
事柄です。ゲーデルの証明の肝心な要素は、証明不能だと自ら述べる**算術的**主張を構
築したことです。初等整数論でこの自己言及の主張を構成するには、非常な頭脳を要
したのです。

　ゲーデルの研究の上に、多くの研究が積み重ねられました。計算を含む問題が、自
然数を含む算術問題に等価なことが示されました。たくさんの名前が浮かびます。ロ
ビンソン、プットナム、デービスは重要な研究をしました。1970 年にはマチャセヴィ
ッチが重要な結果を見出しました。あるディオファンテス方程式を構築したのです。
これは、自然数だけを含む多変数の算術方程式です。変数の一つ K は、パラメータと
して他と区別されます。これは、自然数係数多項式で、未知数の値は自然数でなけれ
ばなりません。これがディオファンテス方程式です。未知数の一つがパラメータで、マ

チャセヴィッチの方程式は、K 番目のコンピュータプログラムが停止するなら、また停止するときに限り、そのパラメータの値について解を持つのです。

1900 年に、ヒルベルトはディオファンテス方程式が解を持つかどうかを決定するアルゴリズムを求めました。これがヒルベルトの第 10 問題です。かの有名な 23 個の問題のうちの 10 番目でした。マチャセヴィッチが 1970 年に示したのは、この問題が任意のコンピュータプログラムが停止するかどうかの決定問題に等しいということです。そこでチューリングの停止問題がヒルベルトの第 10 問題と同じだけ難しいことになりました。したがって、アルゴリズムは存在せず、ヒルベルトの第 10 問題は解決不能です。これが、マチャセヴィッチの結果です。

マチャセヴィッチはこの分野の研究を続けました。1984 年には、ジョーンズと共同研究をしました。その結果を使って、ゲーデルの足跡を追いましょう。ゲーデルの例を使います。この実数 Ω の個々のビットを知ろうとしても、完全なランダム性、パターンもなく、構造もなく、推論が完璧に役立たないことを示しました。

$$0 < \Omega = \sum_{p \text{停止}} 2^{-|p|} < 1$$

ゲーデルに従い、これを初等整数論に変換しましょう。なぜなら、初等整数論においても、このやっかいな問題にはまりこむなら、それは基盤に関わることだからです。初等整数論、1、2、3、4、5、足し算と掛け算は、古代ギリシャにまで遡ります。それは数学すべての中で最もしっかりした部分です。集合論では、大きな基数のような奇妙な対象を扱いますが、初等整数論では、導関数や積分、測度すら扱わなくてよく、自然数だけ扱えばよいのです。ジョーンズとマチャセヴィッチの 1984 年の結果を使って、実際に Ω を算術的に構成し、初等整数論におけるランダム性が得られました。

私が得たのは、パラメータを持つ指数ディオファンテス方程式です。「指数ディオファンテス方程式」では、指数部に変数を許します。それとは対照的に、マチャセヴィッチがヒルベルトの第 10 問題が解けないことを示すのに使ったのは、多項式のディオファンテス方程式です。それは、指数が自然数の定数です。指数ディオファンテス方程式では、X の Y 乗を許します。本当に、その必要があるのかどうかはまだ分かりません。多項式ディオファンテス方程式でも同じことが言えるのかもしれませんが、それは未解決です。現時点で私が扱うのは、1 万 7000 個の変数を持つ指数ディオファンテス方程式です。これは、200 ページの長さがあり、一つの変数がパラメータです。

これは、定数がすべて自然数である方程式です。変数もすべて自然数、正整数です（厳密には、0 を含むので**非負整数**です）。変数の一つがパラメータで、この値を、例えば 1、2、3、4、5 と変えます。問題は、方程式の解の個数が有限か無限かです。こ

の方程式では、もし Ω の指定ビットが 0 なら、解が有限個になるように作ってあります。そのビットの値が 1 なら、解の個数は無限です。私の指数ディオファンテス方程式の解が有限個か無限個かを決定することは、この停止確率

$$0 < \Omega = \sum_{P\,\text{停止}} 2^{-|p|} < 1$$

Ω の個々のビットは何かを決定するのと正確に同じです。Ω は既約数学情報なので、これは完全に計算困難です。

マチャセヴィッチがヒルベルトの第 10 問題について行った研究との違いを述べます。マチャセヴィッチは、次の性質を持つ多項式ディオファンテス方程式の存在を証明しました。パラメータを変化させて、解を持つかどうか問うことが、チューリングの停止問題と同等になります。したがって、数学的推論、形式公理系の能力の及ばないことになります。

私のとの違いはどうか？私は、指数ディオファンテス方程式を使い、指数部に変数を許します。マチャセヴィッチは定数しか指数に許しません。大きな相違は、ヒルベルトがディオファンテス方程式の解の決定アルゴリズムを求めたことです。初等整数論、自然数の算術におけるランダム性のために、私がする質問は、それよりも手が込んでいます。解法があるかどうかではなく、解が無限個か有限個か尋ねています。これは、より抽象的な質問です。この違いは必要なものです。

私の 200 ページの方程式は、停止確率 Ω のビットが 0 か 1 かによって、解の個数が有限個か無限個になるように構成されています。パラメータを変えると、Ω の各ビットが得られます。マチャセヴィッチの方程式は、プログラムが停止するなら、また停止しさえすれば解を持つよう構成されています。パラメータを変えると、それぞれのコンピュータプログラムが得られます。

したがって、算術においてすら、Ω の絶対的な構造の欠如、ランダム性、既約数学的情報が得られます。推論が、この算術領域で全く無力なことを、この方程式が示しています。すでに述べたように、この方程式を得るためには、1931 年のゲーデルの原論文に始まる考えを使いました。しかし、必要な道具を最終的に与えてくれたのは、1984 年のジョーンズとマチャセヴィッチによる論文でした。

こういうわけで、初等整数論、自然数の算術にもランダム性があるのです。これは通り抜け不能な石の壁であり、最悪です。ゲーデルにより、形式公理系は完全にできないことが分かりました。厄介なことが分かり、チューリングは、それがどんなに基本的かを示しました。しかし、Ω は推論が完全に失敗する極端な場合です。

細部にまで入り込むつもりはありませんが、情報理論用語を使って話してみます。

マチャセヴィッチの方程式は、N 個のハイ・イイエの答えを求める算術的問題を与えます。これは、アルゴリズム的情報量としては $\log N$ ビットしかありません。私の方程式も、N 個のハイ・イイエの答えを求める算術的問題を与えますが、これは、既約で、圧縮不能な数学的情報量です。

5——実験的数学

　全体について言い残したことを少し言わせてください。

　最初に、物理学との関連です。量子力学の開発では大論争がありました。量子力学は決定的でないからです。アインシュタインはそれを好みませんでした。「神はサイコロをふらない！」と言いました。しかし、ご存じのように、カオスや非線形力学という形で、古典物理学においてさえ、ランダム性や予測不能性があると今や判明したのです。私の研究も同じ精神にあります。純粋数学、実は、初等整数論ですら、自然数1、2、3、4、5の算術も同じ運命にあることを示しています。ここにもランダム性があります。新聞の見出し風に言えば、神は量子力学や古典物理学でサイコロをふるだけでなく、純粋数学でも、初等整数論においてすらサイコロをふるのです。新しいパラダイムが現れるとしたら、ランダム性が核心を占めるでしょう。ところで、ランダム性は場の量子論の核心でもあります。それは、仮想素粒子やファインマンの線積分（歴史すべての総計）が非常に明確に示しています。したがって、この研究は物理学にも多くの点で関係し、そのために、私は物理学の会合にもよく招ばれるのです。

　しかし、本当に重要な問題は物理学ではなくて、数学なのです。ゲーデルがヨーロッパにいる母親に手紙を書いたことがあります。ゲーデルとアインシュタインはプリンストンの高等研究所で友だちでした。二人は一緒に街を散歩したものです。ゲーデルはこのような手紙を書きました。アインシュタインの物理学は、物理学の研究に非常に大きな衝撃を与えたのに、自分の研究成果は数学に衝撃を与えられなくて残念だという内容です。数学者の日常研究をどう進めるかを変更させるような影響がありませんでした。私は、これを重要な問題だと思います。実際どのように数学をすべきなのでしょう。

　私は、ずっと強力で不完全な結果を得ました。したがって、通常の方法で数学をすべきかどうかは、より明確になるはずです。普通の数学の方法とは一体何でしょうか？ 公理の有限集合が不完全だという事実があるのに、数学者はどうして研究できるのでしょうか？ 数週間考えている数学的予想があるとしましょう。コンピュータで膨大な個数の例を試験したので、これは成り立つものと信じたとします。素数につ

いての予想で、2週間それを証明しようとしていたとします。2週間経って、証明でき
ない理由は、ゲーデルの不完全性定理のためだと言えるでしょうか？ だから、この予
想を新しい公理としましょうなんて。しかし、ゲーデルの不完全性定理を非常にまじ
めに受け取るなら、これこそ取るべき道かもしれません。数学者は笑うかもしれませ
んが、物理学者は現実にこのようにしています。

　物理学の歴史を見てください。ニュートン物理学から始めましょう。ニュートン物
理学からはマクスウェルの方程式を導けません。それは、新しい経験領域だからです。
新しい基本原理が必要です。特殊相対性理論について言えば、マクスウェルの方程式
にほとんどあると言えるでしょう。しかし、シュレジンガー方程式は、ニュートン物
理学とマクスウェル方程式からは導けません。それは新たな領域で、新しい公理が再
度必要になります。より微細な尺度で実験を行ったり、また新しい現象から出発する
ときには、起こっている現象を理解し、説明するために新しい原則が必要になるかも
しれないという考えに、物理学者は馴染んでいます。

　さて、不完全性定理にもかかわらず、数学者は物理学者のようには行動しません。意
識下ではなおも、数学科の学生だった頃に学んだ少数の原則、公準と推論規則で十分
だと決めてかかっています。心の中では、証明できないのは、自分のせいだと信じて
います。それは、他人を責めるよりは良い態度でしょうが、例えば、リーマン予想を
考えてみましょう。物理学者なら、リーマン予想の成り立つ証拠は十分あると言って、
それを作業仮説として研究を進めることでしょう。

　リーマン予想[5]とは一体何でしょうか？ リーマン予想を認めれば、素数分布を含め
て多くの未解決問題が解決できます。これらの予想をコンピュータを使ってチェック
した限りは、問題なく成り立っています。美しい公式なのに、誰も証明できていませ
ん。その多くはリーマン予想から証明できます。物理学者にとってはこれで十分でし
ょう。役に立つし、多くの考えを説明します。もちろん、物理学者は、「ああ、失敗だ
った！」と言う覚悟をしています。今後の実験が理論をくつがえすかもしれないから
です。こんなことはしょっちゅうです。

　素粒子物理学では理論ばかりが立てられ、そのほとんどがすぐに姿を消します。し
かし、数学者は後戻りを嫌うようです。安全策を取る場合の問題は、脱落してしまう
ことです。そうなっているのではないかと思います。

　私の言おうとしているところは明らかでしょう。初等整数論を始め数学でも、実験
科学の精神を追及し、新しい原則を進んで取り入れるべきだと思います。公理を自明
の理とするユークリッドの規定は大失敗です。シュレジンガー方程式は自明の真理で

5　（訳注）リーマン予想は、リーマンのζ（ゼータ）関数に関するもので、ζ(s)の零点に関するもの。

はありません。リーマン予想も自明ではないのですが、大変役に立ちます。

　ですから、数学者は不完全性を無視すべきではありません。無視しても安全ですが、それでは得られたはずの結果を失ってしまいます。それは、物理学者がこういうようなものです。シュレジンガー方程式はなし、マクスウェル方程式もなし、ニュートンで十分。すべてニュートンの法則から演繹しなければならない（マクスウェルは、実際それを試し、電磁場の機械的模型を作りました。幸運なことに、大学ではこれを教えません！）。

　20年前、情報理論的不完全性についての結果が出始めたときに、こういったことを提案したことがあります。しかし、私と独立に数学の哲学についての新しい学派が出現しました。数学基礎論の「準経験的」学派です。「数学哲学における新しい方向」（*New Direction in the Philosophy of Mathematics*, Birkhäuser, Boston, 1986）という Tymoczkos の本があります。これは良い論文集です。他に、John Casti による「確実さの探索」（*Searching for Certainty*, Morrow, New York, 1990）という本もあります。この数学についての章は良くできています。後半部分は準経験的な観点について述べています。

　ところで、この新しい運動に関わった一人である Lakatos は、当時ハンガリーを離れて、たまたまケンブリッジにいました。

　今世紀初めの数学哲学の主な学派は、ラッセルとホワイトヘッドによる論理がすべての基礎という見解の学派、ヒルベルトの形式主義学派、ブラウワーの「直観主義者」構造主義学派です。ヒルベルトが、数学を紙の上でインクの印で遊ぶ意味を持たないゲームであると信じていたと言う人もいます。それは間違いです。ヒルベルトがそう言ったのは、数学とは何かを、極端に明確に述べるためだけのためであり、証明が正しいかどうかの決定規則は、機械的になるまで具体化しなければなりません。数学が無意味だと思っていたなら、これほど精力的に、これほど重要な仕事をして、人を鼓舞する指導者になれたでしょうか？

　もともと、ほとんどの数学者がヒルベルトを支持していました。ゲーデルの後でさえ、チューリングがヒルベルトの夢はかなわないと示した後でさえ、実際、数学者は以前と変わらずヒルベルトの精神で進んできたのです。ブラウワーの構造主義者的態度は迷惑だと多くの人が考えていました。ラッセルとホワイトヘッドに関しては、論理学から全数学を定義するために多くの問題を抱えていました。集合論から全数学を定義するには、自然数を集合を用いて定義するのが、良さそうでしょう（フォン・ノイマンはこの研究をしていました）。しかし、集合論には、あらゆる種類の問題があることが分かりました。このように問題のある基盤では、自然数を確かなものにはでき

ません。

　今や、すべてが混乱しています。めちゃくちゃです。これは、哲学的議論でも、ゲーデルの結果やチューリングの結果でも、私自身の不完全性結果によるものではありません。大変単純な理由、コンピュータでめちゃくちゃになったのです。

　ご存じのように、コンピュータはあらゆることを変えました。コンピュータは数学的な実践をとてつもなく増やしました。コンピュータ上では、計算も、多数の事例検査も、実験も非常に簡単です。コンピュータが数学作業を莫大に増やしたので、これに付き合うために、実際的な方向に進まざるをえませんでした。数学者は、より実際的に、実験科学者のようになっています。この新しい傾向は、「実験的数学」とよく呼ばれます。この言葉は、カオス、フラクタル、非線形力学などの分野でよく聞かれます。

　コンピュータ実験や方程式の数値実験では、何が起こるか分かり、結果を推測できます。証明できればもちろん素敵です。とくに証明が短ければ。1000ページもの証明が役に立つとはあまり思えません。しかし、短い証明は、証明がないよりも確かに良いことです。いろいろな観点からの証明があれば、非常に良いのです。

　しかし、証明を発見できず、他人の証明を待てないこともあります。できるだけやってみるしかありません。今では、コンピュータ実験の結果に基づいた作業仮説で前に進む数学者もいます。これが物理学者のコンピュータ実験なら、全く問題ないでしょう。常に実験に頼ってきたのですから。しかし、今では数学者でさえ、このようにするわけです。「実験数学」(*Experimental Mathematics*, A K Peters 刊) という新しい論文誌があります。私を編集委員に加えるべきでしょうに。情報理論的考えに基づいて20年来、提案してきたのですから。

　結局、数学を実験数学の方向、疑似実験の方向に進めているのは、ゲーデルでも、チューリングでも、私の結果でもありませんでした。数学者がその習慣を変えている理由は、コンピュータでした。これはなかなかの皮肉です！（数学哲学の三つの学派、論理主義者、形式主義者、そして直観主義者のうち、最も無視されたのがブラウワーだというのも面白いことです。彼は、コンピュータが構造主義へ莫大な影響を及ぼすずっと前に、構造主義的態度をとっていました。）

　もちろん、誰もがやっているという事実だけから、そうすべきだということにはなりません。人々の振る舞いの変化は、ゲーデルの定理やチューリングの定理や私の定理のためではなく、コンピュータのためです。私が示した一連の研究は、理論的正当化をうっちゃって、誰もがやっていることを理論的に正当化するものです。現実にどう数学をやるべきかという問題には、少なくとも、もう一世代の研究を要すると思い

ます。言いたいのは、基本的にはそのことです。どうもありがとうございました！

参考文献

［1］ G. J. Chaitin, *Information-Theoretic Incompleteness, World Scientific*, 1992.
［2］ G. J. Chaitin, *Information, Randomness & Incompleteness*, 第 2 版, *World Scientific*, 1990.
［3］ G. J. Chaitin, *Algorithmic Information Theory*, 改訂 3 刷, *Cambridge University Press*, 1990.

エレガントな LISP プログラム

この講義は、1996 年 12 月 12 日朝 9 時から、ニュージーランドのオークランドにおける DMTCS′ 96 会議で行われました。講義の模様は録画されました。これは編集済みのものです。

摘　要

　「エレガント」なプログラムとは、それ以上小さなプログラムでは同じ出力を出せないプログラムを言います。すなわち、より小さな S 式では同じ値を持てない場合に、LISP の S 式をエレガントと定義します。あらゆる計算作業に少なくとも一つのエレガントなプログラムがあり、おそらくはもっとあるでしょう。にもかかわらず、任意の大きさのプログラムをエレガントと証明することは不可能だということをベリー（Berry）のパラドックスを使って証明します。この証明は、このために設計した LISP 方言を使って行います。これは、形式的数学推論の能力の極めて具体的で基本的な限界を与えます。

1──導　入

　みなさん、おはようございます。古い話題に新しい工夫を施したいと思います。この話題は 1930 年代に遡ります。すなわち、ゲーデルとチューリングによる 1931 年と 1936 年の有名な不完全性定理の論文です。このシチューに新しい素材を二つ投げ入れましょう。アプローチは、ゲーデルよりはチューリングにしましょう。アルゴリズムが大変重要な役割を果たします。さて、新しく付け加えるのは、プログラムサイズ、コンピュータプログラムのサイズです。チューリングマシンやラムダ計算、再帰関数論、不動点定理を使うつもりはありません。実際にプログラムを書いて、現在の技術を使った、今出回っているコンピュータ上で走らせたいと思います。これは、良いソフトウェア、1996 年ものです。つまり、現時点で使用可能な最良のソフトウェア技術を使って、1930 年代以来の非常に古いアイデアを見直すことです。これは、数学者が見向きもしない極端に哲学的な事柄と、できる限り実際的なものとの混ぜ物です。一つには、数学の限界を扱い、他方では、プログラミングで手を汚し、現在のソフトウェアとコンピュータを使って能率的に速く走らせることができるようにしたいからです。

　観点の違いのヒントをもう一つ述べると、ゲーデルのアプローチは「この叙述は虚偽だ！」でした。これに代わって、私はベリーの逆理[6]を使います。それは「10億語では表せない最初の正の整数」です。「この文では小さすぎて表せない最初の正整数」の方がもっと良いでしょう。（あからさまな）自己言及はありません。実際にはあるのですが、ゲーデルのよりずっと弱い自己言及です。また、プログラミング言語としてLISPを使います。私が作ったLISP方言です。LISPの良いところは、自分でLISPを発明でき、一週間で、新しいプログラミング言語、新しいコンピュータにプログラムできることです。とてもやさしくて十分小さいので、1000行以下のコードでLISPを動かせます。良いことだと思います。不動点定理も、再帰関数論も、ラムダ計算も見えません。実際にプログラムを能率的に動かします。

　叙述が虚偽だと自ら述べる文の必要はありません。自己言及文には、頭を使わなければなりません、そうですね。そんなに頭を使う必要はありません。どれだけ大きいかを知らせる文があればよいのです。それだけが必要な自己言及です。達成するにはあまりに小さすぎてできないことを達成するためです。文が、それ自身のサイズを知ることは容易です。文を自分自身の中に埋め込むことは不可能です。だって、入りませんもの。しかし、プログラムや文の中で、自分のサイズを埋め込むだけなら簡単です。なぜなら、サイズの大きさは $\log N$ ほどであり、対象そのものに比べて非常に小さいからです。ですから、対象に、それ自身のサイズを知らせることは大変簡単です。対象に、それ自身を完璧に知らせるにはもっと賢明さが必要です。これは、かなり異なる観点、ゲーデルよりずっと簡単な自己言及です。

2──なぜ私は（純粋な）LISP が好きなのか

　ところで、LISPが数学者に愛されるべき理由について、私の考えから話を始めたいと思います。それは、定理を証明できる唯一のコンピュータ言語であるゆえに、数学的に尊重できる唯一のものだからです。

LISP

　さて、LISPがなぜ好きなのか？ それは、実際に集合論であり、数学者はみな集合論を愛するからです！

集合論

6　（訳注）岩波数学辞典第3版によると、G. G. Berry のパラドックスは1906年に発表され、内容は、「100字以内で定義できない最小の自然数」というものです。

LISP は、抽象数学よりも、計算可能数学の集合論です。もちろん、集合論の基本対象は、リストです。例えば、次の 3 個の要素のリストです。

$$\{A, B, C\}$$

そして、よくジョークに使われますが、LISP の説明は、上の集合の波括弧を丸括弧にして、コンマを空白にすることです！

$$(A\ B\ C)$$

構文的には、これが LISP です。LISP のオブジェクトは、好きな深さだけ括弧を使って入れることのできる式です。

$$(A\ (B\ C)\ 123)$$

オブジェクトは空白で区切られます。そこで

$$(A\ (B\ C)\ 123)$$

は三つの要素、最初に A、次に $(B\ C)$、3 番目に 123 のリストです。2 番目の要素$(B\ C)$は、二つの要素を持つリストです。これは、集合の集合です。リストと集合の唯一の違いは、要素に順序があり、繰り返せることです。その他の点では、集合論のコンピュータ版です。集合論では、集合からすべてを、極端論者なら空集合からすべてを、作り出すように、LISP では、この

$$(A(BC)\ 123)$$

がすべてです。これが普遍素材です。これが世界を構築する木材です！ しかも、データと同時にプログラムです。記号式（S 式）[7]と呼ばれます。S 式には、言葉か数が入ります。

　LISP は、非常に数学的で、時間について考えなくても、プログラムの実行について考えなくてもよく、世界の状態を変えるのです。LISP で考えるのは、プログラムは式だということ、そして、式を評価すると値が得られることです。しかも、何も起りません。時間のこと、変数に代入される値のこと、gotoのことを考えなくてよいのです。その代わりに、LISP 式では、関数を定義し、その関数を値に適用し、最後に最終値を得るのです。だから、値を与える式という大変数学的な考えです。

　では、LISP の例を述べましょう。私が発明した最簡 LISP については 1 時間あればできるのですが、LISP についての全課程はお話できません。その代わりに、例を挙げ

7　（訳注）歴史的な話を付け加えると、その昔、Meta expression（M 式）というものがありました。

ます。階乗を取り上げましょう。これは典型的な LISP 関数です。ところで、専門家にとっては、私の LISP は Scheme にとてもよく似ています。多少の違いがあります。*N*の階乗を次のように定義します。

```
define  (fact N)
```

*N*が1に等しいなら、1になります。

```
if = N 1   1
```

そうでなければ、*N*−1の階乗の*N*倍になります。

```
* N (fact - N 1)
```

　最終的結果は、すべてを括弧に入れて、次のようになります。

```
(define (fact N)
(if  ( = N 1) 1
          (* N (fact (-N 1) ) ) )
```

ポーランド前置記法を使っています。例えば、

```
(- N 1)
```

は、*N*引く1です。このプログラムは階乗を定義します。これを変数*N*の fact と呼びます。*N*が1に等しいなら、*N*の階乗は1です。そうでなければ、*N*引く1の階乗の*N*倍です。そこで、3の階乗を得るには、次のように書きます。

```
(fact 3)
```

階乗の定義をした後なら、値は6となります。

```
(fact  3)---> 6
```

　実際のところ、全部の括弧を書きたくはありません。LISP のプログラマは、括弧のないポーランド記法は聞いたことがありません。そこで、次のように書きます

```
define  (fact N)
if = N 1 1
        * N (fact - N 1)
```

他の括弧は理解されます。

　理論上は、この例は間違いです。ある S 式で関数を定義し、他の S 式でそれを使いました。これらは、二つの別の S 式です。最初の S 式は副作用を持ち、定義を後に残

します。LISP では、それをしたくないのです。理論 LISP では、式は、必要とする関
数全部をそれ自身の中で定義し、使わなければなりません。LISP 式を評価した結果を
持続できないからです。局所的に定義して使うことは可能です。実際、変数に値を代
入する唯一の方法は、適切な範囲内で値と変数を結合する関数の引数にすることで
す。とにかく、詳細は省略します。一つの式で階乗を定義した例を示します。三引数
関数の`let`を用います。

```
let (fact N) if = N 1 1 * N (fact - N 1)
(fact 3)
```

これは、次のように展開されます。

```
('lambda (fact) (fact 3)
 'lambda (N) if = N 1 1 * N (fact - N 1)
)
```

または、

```
((' (lambda (fact) (fact 3)) )
 (' (lambda (N) (if (= N 1) 1 (* N (fact (- N 1))))) )
)
```

です。

　`(fact 3)`の値は 6 です。上の「`'`」は、一引数の引用関数で、一切評価をしません。
下の形式、

```
(lambda (arguments) body)
```

は関数定義です。

　ついでに述べると、`car`がリストの最初の要素、`cdr`がリストの残り部分を与えま
す。`cons`はリストを構成します。これが LISP の本質です。そう言えば、`nil`は空リ
スト`()`の別名です。要素を持つかどうかを試験するには、`atom`を使います。

　LISP の紹介はこれで終わりです。この例から、LISP が大変美しく、エレガントで、
数学的であり、普通のプログラミング言語とは全く違うことが分かると思います。

3——LISP プログラムがエレガントだという証明

　それでは不完全性定理を述べましょう。LISP を好きなら、LISP で処理できるとい
う非常に劇的な不完全性結果です。まず、エレガントな LISP 式を定義しましょう。

エレガントな LISP 式

とは、これより小さなどんな式も同じ値を持たないという性質を持つ LISP 式です。
さて、LISP 式のサイズを見ましょう。LISP 式は文字で書かれます。標準様式で書き
出し、大きさを尋ねます。文字数でサイズを測ります。空白も数えます。標準様式
で、LISP 式のサイズを自然に定義します。より小さな式が同じ値を与えないなら、
その LISP 式はエレガントであると言えます。ところで、LISP 式の値もまた LISP 式
です。この世界ではすべてが S 式です。

　明らかに、どんな LISP オブジェクトも、それを値とする最もエレガントな式があり
ます。複数あるかもしれません。しかし、LISP 式がエレガントであること、それより
小さなどんな式もそれと同じ値を持たないことを**証明**しようとしたらどうなるでし
ょうか? 驚くなかれ、答は、**証明できないです!**

　さあ、この不完全性結果を証明しましょう。形だけの証明から始めます。後で、証
明をプログラムしようとすると、出くわす問題について話します。

　証明は次の通りです。1936 年のチューリングの原論文の不完全性結果と同じよう
に始めます。一組の公理と一組の推論規則があるとします。これらは、形式的できち
んと規定され、証明が妥当か調べるアルゴリズムが存在するとします。さて、すべて
の可能な証明を大きさの順に並べ、どれが妥当か調べます。すべての定理が得られま
す。それは証明の大きさの順になっています。そして、形式公理系 (FAS, Formal
Axiomatic System) が与えられます。

FAS

次に、すべての可能な証明を調べてすべての定理を得ます。

FAS ⟶ 定理

　次に、形式公理系を単純化します。特定の S 式がエレガントだと証明できる定理に
しか興味はないからです。形式公理系を、エレガントな LISP 式をはき出す計算として
考えます。エレガントな式を出力するブラックボックスです。よろしいですか?

　さて始めましょう。エレガントな LISP 式を見つけ、証明してください。これは形式
公理系よりずっと複雑です。問題が生じること、矛盾にぶつかることを次に示しまし
ょう。

　ところで、形式公理系が LISP 式の形式だと言うのを忘れていました。

FAS (S 式) ⟶ 定理

　これも言い忘れていましたが、LISP は形式公理系のようなことをするのに適した言語です。記号言語だからです。この作用については、後にもっと詳しく説明しなければなりません。

　さて、もっと正確に話しましょう。証明方法は、形式公理系を内部に含む大きな LISP 式を考えることから始めます。

(..... （形式公理系）.....)

　この不完全性結果の証明には、この大きな LISP 式を示すことが含まれます。これは、含まれる形式公理系よりちょうど 410 文字大きな LISP 式になります。証明しようという形式公理系は、この大きな式において限界を持ちます。形式公理系を包み込むためには、LISP プログラムの 410 文字が必要です。この 410 文字は何でしょうか？

（410 文字（形式公理系））

　この大きな LISP の式がすることは、形式公理系を動かし、それ自体エレガントな定理を生成し、それより大きなエレガントな LISP 式を見つけることです。この大きな LISP 式は、どうやって自分のサイズを知るのでしょうか？ 与えられた形式公理系のサイズに 410 加えれば自分のサイズが分かります。410 は、この大きな式に組み込まれた定数にすぎません。したがって、この大 LISP 式

（410 文字（形式公理系））

は、形式公理系を取って、そのサイズを決定し（そのための組み込み関数を提供します）、形式公理系を包み込む 410 文字を加えます。その時点で、この式は自身のサイズを正確に知っています。そして、形式公理系を動かし、自分より大きいエレガントな LISP 式を探し始めます。エレガントな LISP 式を見つけたら、その式を評価して、その値を最終的な値として返します。したがって、この大きな LISP 式、（410 文字（形式公理系））の値は、それより大きいエレガントな LISP 式の値になります。しかし、それは不可能です。エレガントな式の定義に矛盾します。なぜなら、この大きな LISP 式自体が、その値を生成するには、少なくとも 1 文字は小さすぎるはずだからです。

　言い換えると、それが含む形式公理系より 410 文字大きな LISP 式が得られました。これには、形式公理系が与えられており、そのサイズを測り、それに 410 を加えます。それは LISP 式全体のサイズと同じです。それから、形式公理系を動かし、（410 文字（形式公理系））より大きい LISP 式がエレガントだという証明を探し始めます。いったんエレガントな LISP 式を見つけると、その LISP 式を稼動させ、この（410 文字（形

式公理系））の値を、その LISP 式の値にします。しかし、この（410 文字（形式公理系））は、そのエレガントな LISP 式の値を作るには小さすぎます。これが全体の要です。したがって、形式公理系が嘘をついており、間違った定理を作ったか、あるいは、実のところは、探しているエレガントな LISP 式が見つからないために、この（410 文字（形式公理系））という LISP 式が結果を出せないかどちらかです。

　こうして、証明可能なエレガントな LISP 式のサイズの上限を得ました。上限は次の通りです。LISP 計算量が N である形式公理系は、LISP 式のサイズが N + 410 より大きい場合には、その LISP 式がエレガントであることを証明できません。ゆえに、高々有限個の LISP 式がエレガントであると証明可能です。

　これは素晴らしい結果ですが、このざっとした証明の裏には、たくさんのプログラミング問題が潜んでいることを強調せねばなりません。この証明作業のために作らなければならない LISP の 410 文字を得るためには、通常の LISP に何かを付け加えなければなりません。それでは、このプログラミング問題について話しましょう。

4——LISP に付け加えねばならないもの

　すでに述べたように、これをプログラミングするには問題がいくつかあります。通常の LISP では不十分です。しかし、他のプログラミング言語は、もっとひどいのです。私は 1970 年にこの証明を得ていました。言葉では説明できます。非常に単純です。しかし、実際にこれをプログラムにして、コンピュータで走らせ、例を与えて、動くかどうか試したいとしましょう。ところが、現存するプログラミング言語では、その仕事ができないのです。私は、本当にコンピュータで走らせたかったのです。私は、コンピュータプログラマです。何年も、コンピュータプログラマとして生計を立ててきたのです。LISP は、ほとんど適切な言語ですが、まだ十分適切なのではありません。そこで、通常の LISP の核心をなす純 LISP、副作用のない LISP を取り出し、それにいくつかを付け加え、動かさなければなりません。

　LISP に付け加えたのは、次のことです。通常の LISP は eval という関数に基づいています。

```
eval
```

　eval は、LISP の万能チューリングマシンです。LISP インタープリタです。LISP はコンパイル言語ではなくインタープリタ言語です。LISP プログラムが動いている間、LISP インタープリタは常に存在しています。インタープリタが始終働いているので、

LISP プログラムを作り、即それを走らせることができるのです。通常のプログラミン
グ言語では、プログラムを動かす前にそれをコンパイルしなければなりません。しかし、
LISP ではそういう仕事の切り替えが要りません。evalを使えばよいのです。

　LISP の万能チューリングマシンはevalと呼ばれます。これは組み込み関数であ
り、無料で提供される基本関数です。LISP でプログラムすることもできます。ちょう
どチューリングが万能チューリングマシンをプログラムしたようにすればよいので
す。しかし、evalは組み込み関数として与えられ、不幸にも、私の不完全性証明のた
めには、適切な組み込み関数となっていません。私には、tryという時間制限evalが
必要です。

　　try

LISP の表記法で

　　(f x y)

は、数学表記の

$$f(x, y)$$

を意味すること、引数 x と y への関数 f の適用であることを思い出してください。さ
て、try の説明をしましょう。時間制限と LISP 式を引数として与えます。

　　(try time-limit lisp-expression)

　与えられた LISP 式を制限された時間だけ評価します。これは、LISP 式が永久に進
行し、最終的な値を決して戻さない場合のためです。

　なぜこれが必要なのでしょうか？ 私の証明では、形式公理系を得ました。これは永
久に定理を作り続け、決して止まりません。だから、evalではよくないのです。形式
公理系を与えられて、それをevalで動かすと、何も戻ってこないでしょう。永遠に動
いていくだけです。そこで、必要なのは時間制限eval、形式公理系をある時間だけ走
らせ、時間が尽きる前に、どのような定理が得られたか確かめる方法です。そして、探
している定理を発見するまで、さらに時間をかけて形式公理系を動かすのです。

　もし、LISP インタープリタのソースコードを、C 言語や機械語のような低レベル言
語で読むとしたら、そこにあるのはevalだけでしょう。evalは、絶えず再帰的に自
分自身を呼び出します。私のインタープリタはevalに基づいておらず、tryに基づい
ています。tryは、通常の LISP インタープリタでevalが果たすのと同じ役割を果た
します。

そこで、形式公理系を次のように動かします

```
(try time-limit formal-axiomatic-system)
```

そして、徐々に時間制限を増やしながら、形式公理系によって作られた定理を調べます。tryはどのようにして必要な情報を与えるのでしょうか？ より一般的には、次のようなtryの値は何なのでしょうか？

```
(try time-limit lisp-expression)
```

tryは常に値を返し、決して無限ループになりません。実際、tryは常に次のような三つ組を返します。

```
(success/failure 値/out-of-time 捕獲中間結果)
```

形式公理系の場合、この三つ組は次のようになります。

```
(failure out-of-time theorems)
```

successは、評価が完了しtryが成功したことを意味します。failureは、評価が完了しなかったことです。tryがsuccessだったら、2番目の要素は評価されたLISP式の値になります。failureなら、時間切れを示します。3番目の要素は、常に、あらゆる出力、すべての中間結果を含むリストです。形式公理系の場合には、定理のリストになります。ここで考えている形式公理系では、エレガントなLISP式のリストになります。

このように、tryは、最終的な値の代わりに、中間結果を出力することで、無限計算を扱う方法を提供してくれます。これが、LISPで形式公理系を処理する私のやり方です。tryはあらゆる中間結果をとらえ、すべての定理を与えてくれます。大きなS式がエレガントであることを証明できないという私の証明で使う410文字の包み式は、tryを使って、形式公理系を走らせます。そして、形式公理系とそれを包み込む410文字を合わせたものより大きなエレガントなLISP式を見つければ止まります。もしも、このエレガントなLISP式が見つかれば、evalを使います。evalはエレガントなLISP式の値を得る、時間制限のないtryにすぎません。それは

（410文字　（形式公理系））

という式が返す最終値です。かくして、私の不完全性定理を証明する矛盾が得られるのです！

これは素直で、単純な証明です。アイデアは単純ですが、プログラミングに四半世

紀かかりました。この不完全性結果を証明する LISP 式を作るのは容易ではありませ
んでした。しかし、もう済んだのです。非常にはっきりした不完全性結果が得られま
した。N 文字の LISP 式がエレガントであることを証明するのには、LISP 計算量が少
なくとも $N-410$ の形式公理系を必要とします。以前の結果は、$N-410$ でなく、$N-c$ で、c がどれほど大きいか分かっていませんでした。

5——討　論

　これは素直で、非常に単純な証明です。この仕事の二つの主張について議論しよう
と思います。まず、**これが非常に基本的な不完全性だという主張**です。2 番目は、**LISP
は素晴らしいと納得してもらう**ことです。

　これがなぜ基本的な不完全性結果なのでしょうか？ 不完全性結果というゲームで
は、最も自然な問題を示さねばなりません。そして、解けないことを示して、衝撃を
与えるのです。その方法はたくさんありますが、これが私のできる精一杯のことです。
さて、何が衝撃でしょうか？ エレガントな LISP 式という概念はとても素直です。エ
レガントな LISP 式は、多く、無限にあります。しかし、形式公理系を変えてゲームの
規則を変えない限り、有限個の LISP 式しかエレガントだと証明できません。証明に使
おうという公理と推論規則の LISP 実装に 410 文字足したものより LISP 式が大きけ
れば、その LISP 式がエレガントだとは証明できません。

　コンピュータ科学者がこれに衝撃を感じてほしいものです。LISP 式は非常に自然
なオブジェクトです。エレガントな LISP 式という概念そのものは、実用面で重要では
ありませんが、それほど現実離れしているわけでもなく、素直な数学上の定義を持ち
ます。

　もちろん、コンピュータプログラマは、エレガントなプログラムを求めません。動
くプログラム、できるだけ速く動かせるプログラムを求めます。プログラマの上司は、
プログラマが辞めて、どこかもっと良いところに行ってしまった場合に備えて、プロ
グラムが分かりやすいことを望んでいます。エレガントなプログラムは暗号的で、理
解しにくいことがあります。それにもかかわらず、スポーツとして、プログラマは、自
分のプログラムが、どんなに簡潔で賢いか、お互いに相手より良いものを作ろうとし
ます。エレガンスという概念は、コンピュータプログラミングの精神にとって、その
魂にとって、異質なものではありません。スポーツまたは芸術としてのコンピュータ
プログラミングです。たとえ、会社がそのためにプログラマに給料を支払っているわ
けではないとしても。

　この不完全性結果についてのもう一つの長所は、できないことが何かを、それをできないのは面白いかもしれないということを理解するのが容易だということです。

　もう一つ面白いことは、すでに 1970 年にこの証明を本質的に得ていたことです。言葉では、とてもやさしく説明できます。目新しいのは、現実のプログラミング言語を使って、現実のコンピュータでこれを実際プログラムしたということです。アイデアが単純なのに、以前は、これを現実にはできませんでした。あなたがた理論家に伝えたいもう一つのメッセージは、LISP が数学的観点から実に美しいということです。私は、LISP を計算数学の集合論と見ています。自分が大学にいたとしたら、理論的コンピュータ科学の第一課程を教えるとしたら、このエレガントな LISP 式についての定理こそ、学生にいの一番に教えることでしょう。学生はコンピュータプログラミングを全く知らないと仮定しても、学生には、LISP を、そのオモチャ版を、エレガントな LISP の核心を、最初のプログラミング言語として教えたいと思います。そして、この不完全性結果を叩き込むのです。私ならそうします。

　　質問：それで終身教授になれると思いますか？！
　　答：いいえ！ だから大学にいないわけです！

　さて、不幸なことに、通常の LISP では十分とは言えません。白状しますと、LISP を使うのはあまりにやさしいので、自分の楽しみのためだけに変更を加えました。LISP については、誰もが使うたびに、「自分用の」版を作って使うものです。これは創造性をともなう問題です。止められません。さまざまな LISP 方言を、たくさん作ったのはそのためです。しかし、ほとんど楽しみで付け加えた変更の上にさらに、LISP 式が無限の出力を作り出せる方法を考え出さねばなりませんでした。さらに、不完全性証明を上手に実行できるように、evalをtryに変えなければなりませんでした。

　tryを新たに追加する必要はない、新しく基本関数を作らなくても、LISP の上にtryを定義できると反対する方もおられるかもしれません。なるほどそうかもしれませんが、それは恐ろしく骨の折れる仕事になるでしょう。LISP プログラマは、LISP でLISP を使えること、LISP 関数としてevalをプログラムできること、LISP はそれ自身の意味論を簡単に表現するほど強力なことを示したがるものです。しかし、インタープリタそれ自身がevalなのに、なぜ LISP でevalをプログラムしなければならないのでしょうか？！ それでは、同じ仕事を二回しています。ですから、基本関数としてeval/tryを提供するのが、まやかしだとは思いません。evalで構築された通常のLISP を動かすのも、tryで構築された私の LISP を動かすのも実質的にはあまり変わりはありません。しかも、LISP でプログラムしたtryより、ずっと速く証明が走りま

す。したがって、この作業の理由の一部はプログラミングの便利さゆえ、一部は実行速度のため、さらに一部はメタ数学をやるための正しい基本関数、正しい基本概念とは何かを理解するためなのです。

ところで、私はもともと自分の LISP を *Mathematica* で書いていました。それが知る限り一番強力な言語だからです。LISP インタープリタは *Mathematica* で 300 行ほどです。C で書き直すと、1000 行になりました。そのプログラムは理解不能で、自分がC プログラマとしては劣ることが分かりました。C 版のインタープリタは*Mathematica* 版より 100 倍速く走りますが、そのプログラムは完全に理解不能です。このソフトウェアやエレガントな LISP 式の私の結果を含めた数学の限界についての私の授業を、次のウェブサイトで見つけられます。

    http://www.cs.auckland.ac.nz/CDMTCS/chaitin

これは、フィンランドのロバニエミでした授業の内容です。より正確な URL は次の通りです。

    http://www.cs.auckland.ac.nz/CDMTCS/chaitin/rov.html

J.UCS 誌の第 2 巻第 5 号の私の論文にもいくつか載っています。

これが、理論コンピュータ科学の初級課程に対する私の空想です。これは優秀な高校生にも適用可能だと思います。技術的なものはほとんどありませんし、オモチャのLISP は、本当の LISP より簡単に学べます。これまでもずっと、私の目標は、優秀な高校生に一般相対性理論、量子力学、ゲーデルの不完全性定理を教えることでした。このような非常に優秀な若者にプログラミングを教えるには、私は LISP を使います。理論のためです。実際にコンピュータを使いこなすために、*Mathematica* も教えます。ロバニエミでは、高校生が *Mathematica* を学んでいます。

6——アルゴリズム的情報理論

さて、持ち時間の半分を使ってしまいましたが、エレガントな LISP 式についてのこの議論は、実はウォーミングアップにすぎません。これは、私が自慢したい不完全性結果ではありません。最良の不完全性結果にたどりつくためには、この精神で他に何を始めなければならないかをお話します。ロバニエミでの授業の残りをざっと話しましょう。

まず、プログラムサイズの計算量測度として、LISP 式サイズを使うつもりはありません。単純で理解しやすいのですが、アルゴリズム的情報理論で扱うのに適切な計算

量測度ではありません。まずしなければならないことは、新しい万能チューリングマシン（UTM）を定義することです。

UTM

これまで使っていた LISP 式の代わりに、入力プログラムをビット列にします。出力は LISP の S 式です。

UTM：ビット列→LISP 式

これが、プログラムのサイズ測定に使うコンピュータです。このコンピュータはどのように動くのでしょうか？ プログラムは長いビット列になるでしょう。万能チューリングマシンは左から右へそれを読み取ります。

ビット列——

プログラムの冒頭は、2 進法で表現された LISP 式になります。各文字に 8 ビット使いましょう。

ビット列——LISP 式（8 ビット/文字）

要点は、万能チューリングマシンのプログラムはすべて、シミュレートする他のチューリングマシンを告げる LISP 式で開始するということです。LISP は、アルゴリズムをあらわすのに良い言語です。

したがって、プログラムを作るには、LISP 式を取り上げ、それを 0 と 1 のリストに変換します。そのために私の LISP には、基本関数があります。結果は、大変長いビット列になります。各文字は 8 ビットです。LISP 式のサイズを測る関数と、リストの長さを決定する関数とも提供します。証明しやすいように、他の基本関数も提供します！

さて、万能チューリングマシンは、2 進数の 1 文字につき 8 ビットの LISP 式を読み始めますが、この LISP 式の終わりをどのようにして知るのでしょうか？ 終わりの印に特別な文字を置きます。それは、プログラムの次に来る 8 ビットになります。UNIX では、たくさんの文字がものごとの終わりを示すのに使われます。そのうちの一つを取り上げました。新行（NL, newline）文字 '\n' です。LISP 式をビット列に自動変換する基本関数は、この特別な 8 ビット文字を最後に追加します。

ビット列———LISP 式、NL

そこで、この特殊文字を読めば、LISP 式を読み終えたことが分かります。

　ビット列の冒頭の LISP 式を読み終えると、万能チューリングマシンは、それを走ら
せ、LISP 式を評価します。これをプログラムと考えます。データとしては、シミュレ
ートされるチューリングマシンのバイナリプログラムを与えましょう。

ビット列———LISP 式、NL、データ

　評価中の LISP 式は、どのようにして 2 進データにアクセスするのでしょうか？ ア
クセスは厳しく制限されています。基本的には、データへアクセスする唯一の方法は、
2 進データの次のビットを返す（引数なしの）基本関数を使うことです。この関数は
0 か 1 を返せるだけでファイル終端指示子を返せないということが非常に重要です。
もしデータがなくなれば、プログラムはアボートします。したがって、プログラムは
自己限定的でなければなりません。どこまで行くかをそれ自身の中で指示しなければ
なりません。言い換えると、最初の LISP 式は、どれだけ多くのデータを読み込むかを
自分で決定しなければなりません。例えば、ビットを 2 桁ずつにし、最後を示すため
には 0 と 1 のビット対を使うという簡単な方法があります。しかし、2 進データの詰
め込み方にはもっと賢い方法がたくさんあります。

　そこにないデータを LISP 式が要求しても、アボートされないとしたら、それが返す
最終値は、私の万能チューリングマシンが作る最終出力になります。付加的な中間出
力もあるかもしれません。それも LISP 式になります（中間出力は、恒等関数である特
殊な基本関数によって作られます。これは、その引数を出力するという副次的効果を
持ちます）。

　なぜ、LISP 式に 2 進データを与えなければならょうか？ LISP 構文の制限により、
LISP S 式のビットは冗長になるからです。したがって、アルゴリズムを表現する強力
な方法である LISP 式に、生の 2 進データを「余分に」付け加えねばなりません。これ
は最大限の柔軟性を持ち、本当に各ビットを利用できます。そして、最初の LISP 式が、
生の 2 進データを読むためのスキーマを決定します。

　この自己限定方式の能力を納得してもらうために、サブルーチンを使うことがいか
に容易かを示しましょう。つなぎ合わせるだけでよいのです。格好良く言えば、プロ
グラムが自己限定的なので、アルゴリズム的情報内容が劣加法的（subadditive）なの
です。これはどういうことでしょうか？ 二つの別々の S 式を計算する二つのプログラ
ムを考えてみましょう。この二つのプログラムを結び付け、S 式対を計算するプロ
グラムを得ることは簡単です。実際、そのためには 432 ビットの接頭辞を前に付けさ
えすればよいのです。

　言い換えると、何かを計算する最小プログラムのサイズをビットで表すのに $H(.)$ を使

います。H(X)は、S式 X のアルゴリズム的情報内容すなわち計算量です。S式の対の計算量は、個々の計算量の合計にある定数を加えた値を超えないということを、次の基本不等式が述べます。

$$H((X\ Y)) \le H(X) + H(Y) + 432$$

　この不等式は、アルゴリズム的情報は（劣）加法的であり、サブルーチン結合が可能であることを述べています。それはどのように働くのでしょうか？ 432 ビットの語頭は、53 文字の LISP S式と 1 文字の\n とからなります。この 53 文字の式は、一つの LISP S式を読み込みます（そのための基本関数があります）。そして、それを動かし、X を得ます。次に、2 番目の S式を読み取り、それを動かして Y を得ます。それから、対(X Y)を返します。これが、私の LISP における 53 文字のコードです。詳細は省きます。

　ところで、この不等式

$$H((X\ Y)) \le H(X) + H(Y) + c$$

は、1970 年代の半ばに、自己限定プログラムを使ってアルゴリズム的情報理論を再構築して以来、長く存在しています。この不等式は、（$H((X\ Y))$ではなく、$H(X, Y)$ で）多くの論文に現れますが、c がどれだけ大きいかは分かりません。それは万能チューリングマシンの選択に依存します。ここでは、具体的に万能チューリングマシンを選びますので、c は 432 となります。c の具体的な値を得ることは非常に面白いことです。

　アルゴリズム的情報理論は、コンピュータプログラムのサイズに関する理論ですが、今までコンピュータプログラムを実際に走らせることができませんでした。これは気に入りません。アルゴリズム的情報理論の新バージョンは、とても具体的で実際的です。LISP プログラミングを学ばねばなりませんが、**本当のコンピュータプログラム**についての理論を獲得します。実際に動かして結果を得るプログラムです。プログラムをまとめて、試験した後、そのサイズを見ただけで、プログラムサイズの計算量の上限が分かります。とても簡単です。私の理論は、より具体的で、より分かりやすくなったと思います。この結果、プログラムの計算量がよりよく理解できました。この方式が他の人の役にも立てばよいと思います！

　まとめると、万能チューリングマシンを手に入れました。そのプログラムは次のようなものです。

ビット列——LISP 式、NL、データ

　バイナリの LISP 式の後に区切り文字があり、その後に生の 2 進データが来ます。プログラム全体のサイズをビットで測定するだけです。それがプログラムサイズ計算量です。この理論では次に、私が講義で行うように、情報が加法的であることを示します。

$$H((X\ Y)) \le H(X) + H(Y) + 432$$

　授業では、432 ビットの接頭辞を構成し、それが作用するのを示します。実際に、プログラムを動かします。

　最近では、この五月末に、フィンランドのロバニエミで講義をしました。この時期は、太陽が沈まない頃ですが、コンピュータを使って、万能チューリングマシンでプログラムを動かしている人たちで、部屋が満員になったのを見てうれしく思いました。みなさんやり遂げて結果を出しました。実に感激でした。内容は次の通りです。まず LISP 式を書き出します。これは簡単です。次に、基本関数を使いバイナリに変換します。、そして、2 進データを追加します。次に万能マシンに結果を入力します。私の LISP では 1 行のコードになります。万能チューリングマシンを定義するのは、この LISP では非常に容易です。

　ご覧のように、プログラムサイズの測度として LISP 式のサイズを使っているわけではありませんが、LISP を使って万能マシンを定義します。また、これを使って万能マシンに入力するプログラムを作ります。

　この万能マシンは実際に働きます。理論だけではありません。理論目的のために動く万能チューリングマシンは、1930 年以来常にありました。実際、面白いプログラムを走らせることができます。基盤として、非常に高水準な言語、LISP を使っているという事実は、集合論が本質的にこの万能チューリングマシンに組み込まれていることを意味します。たとえば、集合の和や積を LISP でプログラムすることはとても簡単です。また、使いたいアルゴリズム、不完全性結果を証明するのに使うものは、この言語で簡単に表現できます。そこが重要なのです。万能マシンは、理論証明のためにだけでなく、プログラムを書き、有限時間の中で、例を処理させるためにもよいのです。

　最近、アルバカーキにあるニューメキシコ大学の教授と話しました。この教授は、帰納関数論を教えています。彼の話では、計算機科学科の学生が、コンピュータで一日中プログラムを走らせるものだが、帰納関数や計算可能性理論では、そういうことが決してないのを不思議がっていたそうです。認知的な不調和を感じるらしいのです。どうもおかしいと。彼の意見では、LISP を使ったこの方式なら、学生がプログラムを走らせるのでうまくいくのではないかと言うのです。LISP は、帰納関数論の方言であり、実際に

働くのです。1930 年以来、ソフトウェアをどう書けばよいか多くのことを学んできました。

　しかし、LISP 式がエレガントかどうかを証明する分析に用いた**try**の版は全く正しいわけではありませんでした。本当の**try**を示しましょう。これは、追加の引数を取ります。次のようになります。

```
(try time-limit lisp-expression binary-data)
```

　制限時間、および走らせようとする LISP 式の他にバイナリデータが追加されています。このバイナリデータは、0 と 1 とのリストになります。これが LISP でビット列を扱う最も簡単な方法です。例えば次のようになります。

```
(1 0 1 0 1 1 1 1)
```

　両側に括弧があり、ビットの間に空白が置かれています。それ以外は普通のビット列と同じです。

　これまでと同様に、与えられた LISP 式を与えられた時間内に評価しようとします。追加したのは、評価中に、このバイナリデータに LISP 式がアクセスできることです。これで、**try**を使って多くのことができるようになります。時間制限評価であると共に、バイナリデータを LISP 式に与えます。

　したがって、LISP 式を走らせているときに、時間制限があり、LISP 式が無引数基本関数を使ってバイナリデータの次のビットをくれと要求することができます。ビットがあれば、そのビットを得ることができます。LISP 式の別の基本関数は、バイナリデータから LISP 式全体を読むこともできます。どうするかというと、8 ビットを一度に読み込んで、それを文字として読み、空白と括弧に特に気をつけて、新行文字\nを読むまで続け、そこで止まります。ですから、バイナリデータから常にビットを一つずつ読む必要はなく、そうしたければまとめて読み込むこともできるのです。

　さて、この**try**からどのような値を得るのでしょうか？ たとえ、LISP 式が決して停止しないとしても常に値が返ってくるのでしたね。それが、**eval**の代わりに**try**を使う理由でした。値は、相変わらず次の三つ組です。

```
(success/failure 値/out-of-time/out-of-data 捕獲表示)
```

　以前と同様、**success**か**failure**が最初に来ます。**try**が成功すれば、LISP 式の評価が完了したことを意味し、三つ組の第 2 要素はこの LISP 式が返す値となります。**try**が失敗すれば、第 2 要素はどうして評価が失敗したかを示します。すでに、評価が失敗し得ることを話しました。時間切れのことがあります。他にも多くの理由があ

りえます。例えば、基本関数を不適切な型の引数に適用した場合があります。この種
の問題に悩まされたくなかったので、私のLISPの意味論は極端に寛容にしてあり、何
がおかしいかを告げるエラーメッセージをずらっと並べる必要はありません。実際、
tryが失敗する理由は、時間切れかデータ切れかしかありません。バイナリデータを
使い切って、さらに読もうとすると、バイナリデータ切れになります。バイナリデー
タの最後のビットを読むのは構いませんが、さらにもう一つビットを読もうとするの
はいけません。

　tryが返す三つ組の第3引数、中間結果についてはどうでしょうか？　これは、「捕獲表
示」となっています。理由を説明しましょう。

　中間結果は、大規模なLISP式のデバッグ時に重要なものです。最終値は、何がおか
しかったのかを知るには十分とは限りません。この問題を解く巧妙な解法は、恒等関
数である一引数関数を追加することです。この関数をdisplayと呼びましょう。

```
(display X)
```

　純粋に数学的な観点からは、displayは役に立たない関数です。引数Xをその値と
して返すだけです。しかし、引数の値を端末に表示してくれるので、非常に有用な関
数でもあるのです。大規模なLISP式をデバッグするには、式中の興味がある部分を
displayで包めばよいのです。最終的な値は変わりません。

　しかし、今の作業では、このLISPでは、displayは、ただのデバッグよりもはる
かに重要な役割を果たすのに使われます。定理を出力するのに使います。display
は、LISP式が無限個の結果を生成することを可能にします。これは、定理をLISP式
として生成する終わりなき計算である形式公理系をモデル化するためには非常に重
要なことです。通常のLISPには、LISP式が無限個の出力をする機能がありません。だ
から、この機構を作り上げ、displayが定理を生成し、tryがそれらを捕まえるよう
にしなければならなかったのです。

　したがって、私のLISPでは、displayは正式な位置を占めます。デバッグ用だけ
の機構ではありません。形式公理系が定理を出力するための仕組みを与えます。LISP
の重要な一部となります。

　tryが返す三つ組の最後の要素は、捕獲表示の並びです。LISP式が端末に何かを表
示しようとするたびに、表示する代わりにこのリストの中に入れられるのです。した
がって、形式公理系を処理する場合には、これが定理のリストになります。

　これで終わりです。以上でLISPによるアルゴリズム的情報理論のプログラミング
の全機構をお話しました。

7──停止確率 Ω

さて、仕掛けについてはすべてお話しました。しかし、これをどうしたらよいので
しょうか? 私のウェブサイトの講義で次は何でしょうか? 時間はあまり残っていま
せん。簡単にまとめることにしましょう。

私の帰納関数理論、チューリングおよびゲーデルの不完全性結果をプログラムする
ための基本的なツールを示しました。基本は、**try**です。それを LISP に追加する必要
がありました。これで、LISP がアルゴリズム的情報理論を扱えるようになりました。

ロバニエミで講義したときには、歴史的な紹介から始めました。次に私の LISP を説
明し、万能チューリングマシンを示して、その上で単純なプログラムを実行しました。
その次に、大文字の Ω で示される停止確率を定義しました。

$$\Omega$$

Ω を定義するには、バイナリプログラムを備えており LISP 式を生成する私の万能
マシンを使います。これに、公正なコインを使った独立な硬貨投げの結果から得られ
たビットを食わせればよいのです。停止確率は何でしょうか? それが Ω です。この
停止確率を下からの極限で計算する LISP プログラムを実際に与えました。このプロ
グラムは、「アルゴリズム的情報理論への招待」という講義録に説明してあります。
DMTCS′ 96 の会議録にも載っています。その講演では、今日よりも 3 倍から 5 倍のス
ピードでしゃべっていたようです。どうしてそんなに多くの話ができたか分かりませ
ん。下からの極限で Ω を計算する LISP プログラムを見るには、DMTCS′ 96 の会議録
か私のウェブサイトを見てください。実行例も載っています。

次は、Ω が既約アルゴリズム情報量であることの証明です。正確な結果は次のよう
になります。

$$H(\Omega_N) > N - 8000$$

Ω_N とは何でしょうか? 停止確率は実数なので、それをバイナリの小数で表現し、
小数点の後の最初の N ビットを取ることにします。上の不等式は、停止確率の最初の
N ビットを得るためには、$N - 8000$ ビットよりも大きいプログラムが必要であること
を述べています。その理由は、もしも停止確率の最初の N ビットを知っているとした
ら、サイズが N ビットまでのすべてのプログラムについて停止問題を解くことがで
きるはずだからです。これが Ω が既約である証明方法です。

最終的に、最も困惑させられると思う不完全性結果を得ました。これは、形式公理
系では、停止確率の $H(\text{FAS}) + 15328$ ビット以上を決定できないということを証明す

るものです。この結果は、その前の不等式、$H(\Omega_N) > N - 8000$ から導かれます。言い換えれば、小さなプログラムでは、Ω のビットをたくさん与えることができないので、公理集合も公理のビット数より実質的に多い Ω のビットは決定できないということです。それが、

$$H(\text{FAS})$$

の意味です。これは、私の万能マシンが形式公理系におけるすべての定理を出力させる最小プログラムのビット数です。言い換えれば、これが形式公理系の計算量です。公理のビット数です。Ω のビットをもっと多く決定するには、公理にそれだけ多くのビットを追加しなければならないのです。

　私の主定理は数学の洒落のようなものです。チューリングは、停止問題が決定不能であることを証明しました。私は、停止確率が既約であることを証明しました。計算した Ω のビット数より大幅に小さなプログラムへ Ω のビットを圧縮できないだけでなく、そうするために推論を用いることもできないのです。本質的に、形式公理系から Ω のビットを搾り出す唯一の方法は、そのビットを公理として追加することです。したがって、Ω のビットを決定することは、失敗する命題なのです。数学的推論は全く役に立ちません。もっとも、定数 15328 を用いて、

$$H(\text{FAS}) + \mathbf{15328}$$

になります。この定数を除けば、入れただけのものを正確に得られるということになります。

　ですから、Ω のより多くのビットを証明するには、本質的には、それを公理に追加するしかないのです。公理に追加することによって**何でも**証明できます。そして、Ω は、比較的に基本的な数学の一分野である非構成的数学の観点からは極めて単純なオブジェクトですが、より多くを取り出すには、それを公理に入れるしかないのです。これは、数学的推論が実際に役に立たない、不能だという状況です。新しい仮説として入れるしか、公理集合から何かを取り出せるようにならないとしたら、何を構うことがありましょう。ですから、Ω は本当に最悪の場合です。それは

既約数学情報

なので、最悪の悪夢が本当になってしまうのです。

8――結　論

　最後に、Ω について困惑させられたことについて述べようと思います。すでに述べたように、ある場合には、Ω は大問題を引き起こすのです。まず、哲学的な不連続性を強調しましょう。

　数学の通常の観点は、もし何かが真であるなら、それは理由があって真だというものです。数学では、何かが真である理由を証明と呼びます。数学者の仕事は、証明を見つけることです。通常は、もし何かが真であるなら、それには理由があります。さて、Ω が示していること、私が発見したことは、数学的事実には、**何の理由もなく真**であることがあるということです。**偶然**に真なのです。結果として、数学的推論の力の範囲から永久に抜け出すのです。Ω の各ビットは、0か1かです。しかし、精妙にできていて、どちらかは絶対に分からないのです。

　私もかつては、すべての数学的真、すべての無限に多様な数学的真が、誰もが合意でき、数学科の学生として学習できる少数の公理と推論規則とに圧縮できるものと信じていました。魂の奥深くでそう感じていました。それこそ数学の美を、鋭敏さを、明確さを成り立たせるもの、人間業でないもの、超人的なものだと思っていました。残念なことに、既約な数学的事実の存在は、ある場合には、絶対に圧縮ができない、何の構造もパターンもない数学的真があることを示します。誰が、Ω のビットが何であるかを証明したいと思うものか知りませんが、もし、あなたがそうしようとしたら、証明の望みは一切ありません。なぜなら、Ω のビットが0または1であるのには、何の理由もないからです。もちろん、どちらかになりますが、それは特定の Ω であり、下からの極限でそれを計算する LISP プログラムがありますが、そうなったのには何の理由もなく、偶然そうなっただけなのです。もし神がハイ・イイエの質問に答えてくださるとすれば、Ω の各ビットについて別々の質問が必要になります。ビット間には何の相関もないからです。一切の冗長性がないのです。

　少し悲観的すぎるかもしれません。結局のところ、フェルマーの最終定理もちょうど証明されたところです。一生懸命の優秀な人がリーマン仮説を証明したと聞いても、そんなには驚かないことでしょう。実際、賢い数学者が有名な予想問題を解決しています。4色問題のこともみなさんはよくご存じのはずです。

　この既約数学情報の方向には、これ以上進むわけにはいけません。しかしながら、この結果があるにもかかわらず、数学をこんなにうまくやっていくことが実際どうして可能かを理解するのは興味深い問題だと思います。今や、興味深い問題は不完全性結果を証明することではなくて、どうして数学がいまなお驚異的であるかを理解することです。実際そうなのです。驚異的な定理を、息をのむような定理を証明できます。そ

して、どうしてこれが可能かをよりよく理解しようとすることは面白いことです。
　以上がお伝えしたかったお話です。ありがとうございました。

アルゴリズム的情報理論への招待

［D. Bridges, C. Calude 編 *Proceedings of DMTCS' 96*, Springer-Verlag Singapore, 1997, pp. 1-23］
この講義は、1996 年 4 月 24 日水曜日にニューメキシコ大学の計算機科学コロキウムで
行われました。講義は録画されました。これは、DMTCS' 96 用の編集済み講義録です。

摘　要

「数学の限界」という講義の最新版の概要を述べます。講義の目的は、アルゴリズム的情報理論の肝心の情報理論的不完全性定理の証明を、特別に設計した LISP で書いたアルゴリズムによって説明することにあります。講義録は、http://www.cs.auckland.ac.nz/CDMTCS/chaitin/rov.htmlから、*Mathematica* で書かれた LISP インタープリタとともに入手可能です。

1——導　入

　みなさん、今日は。この美しい州にまた戻って来れて大変嬉しく存じます。何度も招待いただきありがたくく存じます。これまでは、一般的なアイデアを説明してきました。今回は、違った話をしようと思います。

　この数年間、「数学の限界」と称する講義をやってきました。過去 3 年間は、何度も改版してきました。たくさんのソフトウェアが付随しています。このソフトウェアも何度も改訂してきました。講義で、このソフトウェアを説明してきました。実際、つい 2、3 週間前にも北極圏にあるフィンランドのロバニエミで 2 週間の講義をしてきたところです。

　摘要に載せてある URL のウェブサイトにこの講義が掲載されています。これは HTML 文書になっていて、たくさんの LISP のコードがあります。ついでに申し上げると、これは普通の LISP ではありません。誰もが学習する LISP の核心部分である純 LISP によく似ています。しかし、少しばかり機能を違えてあります。これらすべてを手に取って使ってみることができます。講義の全部が載っています。

　一般的な背景としては、「算術におけるランダム性と純粋数学における還元主義の衰退」という私の講義をお勧めします。これは、オックスフォード大学出版局の「自

8　（原注）もちろん、McCarthy が言った言葉ではありません。私の言い換えです。

然の想像」（*Nature's Imagination*）という本にも掲載されています。これも、ここで行った講義録です。

2──帰納関数論再訪

　私の研究は、まだそれが技術的なものになる以前の1930年代初頭の時代の帰納関数論に基本的に関わるものです。この段階でゲーデルとチューリングとが挙げた業績は、数学的推論の限界はどこにあるかという問題に関わるものでした。私は、基本的に二つの新しいことを付け加えます。60年後に再び訪れるようなものです。二つ新しいことを追加します。

　一つは、重大であるが見逃されていたアイデアで、プログラムサイズ計算量、すなわち、プログラムがどれだけ大きいか、どれだけの情報ビットを持っているかです。時間ではありません。その意味では、昔ながらの帰納関数論であり、チューリングマシンです。時間は問題にしません。しかし、ビットで表したプログラムのサイズを問題にします。これが一つの新しいアイデアです。

　もう一つは、この3年の間に追加したもので、コンピュータ上で興味深い例題について実際にプログラムを走らせるということです。言い換えれば、手を振り回してアルゴリズムについて語るだけでは不十分だということです。定理を証明できる万能チューリングマシンだけでなく、実際にプログラムができ、コンピュータ上で興味深い例題を走らせることのできる面白いものが欲しいのです。

　マッカーシは、LISP を AI（人工知能）のためだけに、実用的言語としてだけ発明したわけではありません。ACM 会報に載った LISP についての1960年の論文で、彼は「これは、より優れた万能チューリングマシンです。これで帰納関数論をやりましょう」[8]と言っています。面白いことに、私以外の誰もこれを真面目にとらえなかったのです。理由は、もちろん、理論家はプログラミングについて、コンピュータを実際にいじることにはあまり興味がないからです。ですから、この追加については今さら言い訳は要らないでしょう。理論がコンピュータのサイズに関するものであるなら、そのプログラムを見たいでしょうし、それを走らせたいでしょうし、使いやすいプログラミング言語であるべきでしょう。

　そこで LISP を用いました。LISP が十分単純であり、理論的プログラミングと実用的プログラミングの交差点に位置するからです。ラムダ計算は、LISP よりも単純でもっとエレガントですが、使用不能です。コンビネーター S ならびに K からなる純粋なラムダ計算は、非常にエレガントですが、それでプログラムを実際に走らせるわけにはいけま

せん。あまりに遅すぎます。ですから、有限の時間で実際にコンピュータ上で走らせる
ほどに LISP は強力な言語であり、同時に、それについての定理を証明できるほどに、十
分単純でエレガントだと思います。これが私のゲームです。ウェブサイトに掲載してあ
る通りです。

3——私の新しい LISP と計算量尺度

　まずは、一般的なアイデアを示しましょう。LISP に何を追加したか、この LISP へ
の変更がプログラムサイズ計算量について何を語れるようにしたか？ LISP 式を取り
上げ、どれだけ大きいかを文字数で測ることができますね。これは、計算量としてそ
う悪いものではありません。しかし、最良の計算量尺度ではありません。
　最良の計算量尺度は、コンピュータプログラムである LISP 式の脇にバイナリデー
タを置いたものになります。

　　　　lisp　　バイナリ
　　　　S 式　　データ

　LISP プログラムのサイズを測る場合の問題点は、LISP 構文のために、LISP 式が冗長
であることです。本当にやりたいことは、アルゴリズムを表現する強力な方法である S
式に生のバイナリデータを追加することです。テープ上にプログラムの他にデータを載
せるようなものです。データとしてはビットは独立に 0 か 1 かになります。プログラム
がデータにアクセスする方法があり、全体のサイズを調べるのです。
　基本的に、プログラムサイズを語るために、プログラムサイズを測るために私が用
いる尺度は、大きなバイナリプログラムを持つ万能チューリングマシンです。

　　　　バイナリプログラム
　　　　lisp　　バイナリ
　　　　S 式　　データ

　バイナリの機械語があるわけです。バイナリで書きたいとは思わないでしょうね。
プログラムの先頭は、LISP の S 式の文字を 8 ビットバイナリに変換したものです。さ
らに、終了を示す特別な ASCII 文字を用意しているので、LISP の S 式がどこで終わる
かも分かります。

　　　　バイナリプログラム

```
lisp    バイナリ
S 式    データ
8 ビット/文字
```

　万能チューリングマシンは、バイナリテープを 1 ビットずつ読み込むことから始めます。一度にデータを取り込んで走り出すのではありません。必要に応じてプログラムの各ビットを読み込みます。この点は非常に重要です。LISP 式を読み込むと走り出し、その LISP S 式が「もう一つビットを読め」というたびにテープの残りから、バイナリプログラムから読み込むのです。S 式がバイナリデータの終端を越えて読もうとしたら、このプログラムは失敗し、アボートされます。そうなります。それからビットの総数を追加します。これは、S 式の文字数に 8 を掛けて、データのビット数を加えたものです。それでプログラムのビットの総数が得られます。

　LISP S 式の文字サイズだけを使ったのでは（係数を掛けてビットにしたとしても）良くないので、こうしているのです。LISP 構文は非常に単純ですが、それでも冗長性があります。だから、余分なバイナリデータを横に追加する必要があるのです。

4──私の UTM を LISP でプログラムする

　私の新しい LISP を使ってプログラムした私の万能チューリングマシンをお目に掛けましょう。1 年前にここに来たときには、LISP はありましたがひどいものでした。アトムと変数の名前が 1 文字しか許されない LISP でした。しかも算術関数がありませんでした。整数を表すには、0 と 1 とのリストを使うしかなく、その上での算術関数を定義してプログラムしなければなりませんでした。これはうまい方法で、生涯に一度はやってみても面白いゲームだと思いました。しかし、他の人に説明しようとすると困ってしまうのが問題でした。今では、他の LISP と同様にアトムに長い名前が使える LISP を持っており、次のように私の万能チューリングマシンをプログラムしています。

　U を関数、p をプログラムとして、p の U を次のように定義します。

```
define (U p)
cadr try no-time-limit
         'eval read-exp
          p
```

　これでおしまいです。これが言葉で説明してきた私の万能チューリングマシンです。**try**は、この LISP の基本関数で、通常の LISP の**eval**のようなものです。**try**は、次の三つの引数を取ります。

```
no-time-limit
'eval read-exp
p
```

第2引数

```
'eval read-exp
```

は、時間制限つきで評価しようという LISP 式です。実は、この場合には時間制限がありません。no-time-limit です。付随バイナリデータもあります。try では、LISP 式にバイナリデータを与えます。この

```
p
```

がバイナリデータで、万能チューリングマシンへのプログラムになります。これは、0と1とのリストです。try の第3引数です。

　ところで、通常の LISP では括弧をたくさん付けないといけません。私の LISP では、ほとんど必要ありません。すべての組み込み関数が固定数個の引数を取るので、括弧を全部書いておく必要がないからです。

　UTM の LISP コードに戻りましょう。

```
(read-exp)
```

は引数のない基本関数です。そこで、次の('(eval(read-exp)))を評価します。通常は、時間制限付ですが、この場合には制限なしです。read-exp は、バイナリデータ p の先頭から LISP 式を一つ読みます。そして、これを評価、言い換えると、走らせます。走らせている間に、この読み込んだ LISP 式の中で、もっとバイナリデータが必要になったなら、バイナリデータの残りの部分から取り出すのです。

　これは働きます。tryは、すべきことを正確にやります。このためにこそ、通常の LISP にtryを追加したのです。tryこそ、通常の LISP と私の LISP との相違点です。さて、この

```
(define (U p)
(cadr (try no-time-limit
          ('(eval(read-exp)))
          p)))
```

が私の万能チューリングマシンです。これは、非常に大きな複雑なプログラムです。

　これの良い点は、講義でたくさんの例を試せることです。LISP 関数を定義して例を試せばよいのです。なぜやるのか、何を証明しているのかというコメントもたくさん付けてあります。

　LISP 実行には、それぞれ二つの版があります。一つは、注釈を付けず、重要な場合についてのみ走らせたものです。もう一つは、すべての注釈を含め、補助関数に対する多くの場合を含めたものです。こうした理由は、コメントがないとプログラムは理解不能になりますが、一方、すべての注釈を付けるとまた別の理由で、あまりに多すぎて肝心のものが見つからないわけです。それで、両方を用意しました。

　こういうわけですから、実際にプログラムを入手して、このマシン上で走らせていただければよいのです。どうするかというと、LISP 式を取り上げ、それをバイナリに変換します。そのための基本関数を用意してあります。それと必要なバイナリデータを連結し、それを今定義した p の関数 U に与えます。私のウェブサイトには、この万能チューリングマシンがどう働くかの実行結果を載せています。

5──定理を証明する U の単純なプログラム

　特に興味深い例を示しましょう。また、プログラムサイズ計算量に関する非常に単純な定理を証明しましょう。この定理は、オブジェクトの対のプログラムサイズ計算量がその二つのオブジェクトの個々のプログラムサイズ計算量の和に定数を加えた量で押さえられることを示します。

$$H(x, y) \le H(x) + H(y) + c$$

この意味は次の通りです。$H(x)$ は、x を計算する p の万能チューリングマシン U の最小プログラムのサイズをビット数で表したものです。x はS式です。$H(y)$ は、y の計算に対するものです。両者を合わして固定数個のビットを付け加えると、対 (x, y) を計算するプログラムが得られます。ところで、LISP ではコンマを使わないので、実際の対にはコンマを使いません。

　これは、どのように働くでしょうか？ まずプログラムがどんな風かお目にかけましょう。x のための最小サイズプログラムと y のための最小サイズプログラムを取り上げ、x^* と y^* と呼びます。さらに、先頭に c ビットの長さの魔法の接頭辞 ϕ_c を連結します。これで、

$$\phi_c\, x^*\, y^*$$

となります。それから、これをpの万能マシンUに与えると、対(x, y)を生成するのです。

さて、x^*とy^*という二つのビット列の前に連結したこの接頭辞ϕ_cは何でしょうか？ 実は、どんなxのためのプログラムもyのためのプログラムも追加できるのです。どれが最小かは分かりません。xを計算する任意のプログラムx^*およびyを計算する任意のプログラムy^*を与えると、この接頭辞によってpの万能マシンUに与えると、対(x, y)を計算するプログラムになるのです。

さて、この接頭辞ϕ_cは何でしょうか？ 次のようなものになります。

```
(cons (eval (read-exp))
(cons (eval (read-exp))
      nil))
```

これは、すべての括弧を付けたものです。これをビット列に変換するとϕ_cになります。したがって、この式を書いて、基本関数を使ってビット列に変換し、さらにappendを使ってビットのリストを連結して、長いビット列$\phi_c x^* y^*$が得られます。次は、これをUに与えて(x, y)を生成するのです。

この式

```
(cons (eval (read-exp))
(cons (eval (read-exp))
      nil))
```

はどう働くのでしょうか？ これは、バイナリデータから読み込みます。ϕ_cが走っているときのバイナリデータは、プログラムの残りの部分である$x^* y^*$になります。そこで、xを計算するプログラムx^*を読み込んで走らせます。答はxです。次に、残りのバイナリデータを読み込んで、yを計算するプログラムy^*を走らせ、yを得ます。さらに、このxとyを cons して対にします。

このS式ϕ_cのビット数が、

$$H(x, y) \leq H(x) + H(y) + c$$

における定数cなのです。そこで、ϕ_cの文字数を数えて8を掛けると、この定理における定数cとなります。これは、極めて素直ですね。

6——停止確率 Ω の「計算」

　さて、私のウェブサイトでの講義は次にどうなるでしょうか？ この p の万能チュ
ーリングマシン U を定義しました。私の理論では次に停止確率 Ω を定義します。こ
れは、多くの人が興奮した [笑い] 停止確率です。ここで、停止確率を計算するプログ
ラムを書きましょう。次のようになります。LISP プログラムを書いていきます。
　どれだけ多くのプログラムが停止するかを数え上げる関数を定義します。これを
count-haltと呼びます。prefixとbits-leftという二つの引数を取ります。

```
define (count-halt prefix bits-left)
```

　私の万能チューリングマシンのためにどれだけ多くのプログラムが停止するかを
数え上げます。時間を追加すべきですね。もう一つの引数としてtimeを加えましょ
う。

```
define (count-halt time prefix bits-left)
```

　この時間内で、bits-leftビットを追加したprefixを持つ、どれだけ多くのプロ
グラムが、この万能チューリングマシンで停止するかを数え上げます。このcount-
haltは、私が使う補助関数です。
　最初に示すのは、ここからどのようにして停止確率を得るかです。この補助関数を
定義する前に、この補助関数を使う主関数であるomegaをどう定義するかをお見せし
ます。一つの補助関数を持つ一つだけの主関数です。これを n のomegaと呼びます。

```
define (omega n)
```

　これは、n 次近似、停止確率の n 次の下界です。n が無限になると、下からの極限
値として停止確率が得られます。問題は、収束が非常に、非常に、非常に、非常に遅
いことです [笑い]。計算できないほど遅いのです。
　この関数を定義しましょう。やりたいことは、有理数をconsで作ることです。やり
方は次のようになります。時間 n で停止する接頭辞nilを持つプログラムを数えま
す。それに n ビットを追加します。nilは空のビット列です。

```
define (omega n)
cons (count-halt n nil n)
```

　さらに、割り算をconsします。

```
define (omega n)
cons (count-halt n nil n)
```

```
cons /
```

さらに、2の n 乗とnilをconsします。ただし、^をベキ表示に使います。

```
(define (omega n)
(cons (count-halt n nil n)
(cons /
(cons (^ 2 n)
      nil)))))
```

これは有理数の表現に依存します。私は一部を書き出したにすぎません。(omega n)の値は、三つ組になります。これは、時間 n 内で停止する、サイズが n ビットのプログラムの個数を 2^n で割ったものになります。よろしいですか？

これが主関数です。次に補助関数を定義しましょう。補助関数は次のようになります。空接頭辞nilで開始します。n ビットのプログラムになるまで再帰的にビットを加えていきます。それから、時間 n だけそのプログラムを走らせて、停止するかどうかを見ます。さて、LISP でそれをどのようにプログラムするのでしょうか？ 再帰的には、非常に簡単で、次のようになります。再帰的には非常に容易です。

最初に、bits-leftが0に等しくないかどうかを調べます。bits-leftが0より大きければ、接頭辞に0のビットを一つ追加し、残っているビットの個数から1を差し引きます。時間 n 内でどれだけ多くのこのプログラムが停止するか調べ、それを追加し、0の代わりに1を接頭辞にappendします。

そこで次のようになります。

```
define (count-halt time prefix bits-left)

if > bits-left 0

+ (count-halt time (append prefix '(0)) (- bits-left 1))
  (count-halt time (append prefix '(1)) (- bits-left 1))
```

私は、時々括弧を付けて、他の場合は付けません [笑い]。私の LISP では、基本関数には括弧は要りません。インタープリタが追加してくれます。そして、何を意味していたかをチェックできるように書き出してくれます。

これが再帰です。count-haltがすべての n ビットプログラムを調べるようにします。最後に、追加するビットがなくなってしまったときにはどうなるのでしょうか？ これは、空の接頭辞と接頭辞に追加する n ビットで始まりました。最終的に、n ビット列を、すべての可能な n ビット列を手に入れました。そして、この n ビット列を使い、接頭辞としてのこの n ビットデータ列に、時間 n の間eval read-expを適用しよう

とtryします。このtryがsuccessなら、count-haltは1になり、そうでないと0になります。

　次のようになります。

```
define (count-halt time prefix bits-left)
if > bits-left 0
+ (count-halt time (append prefix '(0)) (- bits-left 1))
  (count-halt time (append prefix '(1)) (- bits-left 1))
if = success car (try time
                      'eval read-exp
                      prefix)
   1
   0
```

　この再帰は、すべての可能な n ビットプログラムが停止するかどうかを調べます。n ビットプログラムを手に入れたら、どのようにして停止するかどうかを調べるのでしょうか？ 与えられた時間だけそれを走らせようとtryするのです。それは、

```
(try time
     'eval read-exp
     prefix)
```

という部分です。S式の接頭辞と私の万能チューリングマシンのためのプログラムのバイナリデータを取ります。接頭辞の頭からS式を読み込み、接頭辞の残りをバイナリデータとしてS式を走らせます。

　これを詳しく説明する時間はありません。学生にこれを授業で与えたとしたら、残りの授業時間全部を使ってこれを説明する破目になるでしょう。そうすれば、学生はこれで試し、使うことでしょう。私のウェブサイトを見れば、count-haltの実行例が載っています。n のomegaの別の定義も載っています。これは、より伝統的なもので、すべての n ビット列のリストを構成し、どれが停止するかを調べ、停止した個数を数えます。ここで示した方がエレガントだと思います。これで十分でしょう。

　言葉でもう一度述べましょう。

　ここに示したのは、私の LISP で書いた Ω の n 次の下界です。正整数が増大するにつれて、n のomegaは、停止確率に対するより良い下界を与えてくれます。問題は、与えられた精度を持つ停止確率を得るためには、どれだけ計算すればよいかが決して分からないことです。停止確率の正しい n ビットを得るには、n の Busy Beaver 関数を求めねばなりません。

　n ビットのプログラムを調べるのです。開始時の接頭辞はビットの空リストであり、追加ビットは最初は n であり、時間 n においてどれだけが停止するかを数え上げ

るのです。それが、

```
(count-halt n nil n)
```

のすることです。

7——Ω のプログラムの議論

　これを概念的に、また、教育的に検討しましょう。教育的見地からは確かに、この
プログラムを書いて多くのことを学びました。プログラミング言語を発明しなければ
ならず、インタープリタを書かねばなりませんでした。これらから、多くを学びまし
た。これは、学生にアイデアを転送する良い方法でしょうか？ 分かりません。他人の
コードを読むことはたいしたことではないでしょう。

　本当にアルゴリズムを理解したと言えるのは、それをプログラムして例で試し、自
分でデバッグしたときです。これを授業で効果的に使うには、練習の必要があります。
学生に、提示した内容をいろいろ変えて、自分なりのものを作るよう伝える必要があ
ります。ここではそれはやりません。これは、講義の圧縮版です。

　講義として本当に使いたい人は、そうすることができます。理解できる人はいるで
しょう。コミットした人だけが、理解したと考えることができます。しかし、通常の
LISP のように思う人の方が多いことでしょう。以上が教育的観点の話です。

　これを哲学的観点から見ましょう。このプログラムは Ω の定義です。この数が非常
に理解しがたいものなら、具体的にどう定義されるかを明らかにしたくなるでしょ
う。それがこれです。

　驚かないように Ω が具体的にどう定義されているかを突き止めたいでしょうね。Ω
は、非常に具体的で、実際に(omega 0)、(omega 1)、(omega 2)、…と走らせるこ
とができます。もちろん、n が増大するにつれて、時間は指数関数的に増加しますが、
面白い例に出くわすかもしれません。このプログラムの変形をいろいろ試して、理解し
たと納得できます。それが働くか例を走らせて個別にcount-haltをデバッグできま
す。これで、この働きを納得できます。たくさんの例を試しましょう。このプログラム
が正しいという形式証明は未だ与えていません。それは面白いプロジェクトかもしれ
ませんね。

　かつて、これを天文物理学者に説明しようとしたことがあります。非常にわずかな
間興味を持っていました [笑い]。非常にできる人です。優秀ですから、Ω のプログラム
の前の版も理解できました。それは、組み込み関数の名前が 1 文字に限られ、正の整

数がなく、算術関数を自分でプログラムする必要がありました。彼は、(omega n)と count-haltの定義を取り出し、小さな紙に印刷し、それを畳んで財布にしまいました。これは、仏教の真言のようなものだと彼は言いました。「僕は Ω をポケットに持っている！」しかし、それは彼だけの Ω でした。非常に優秀で私について講義を全部受けたのですから。今回の新しい版は、彼のポケットにあるものよりもずっと分かりやすいと思います。

8——Ω がアルゴリズム的に既約である証明

さて、数学の限界についてのこの講義で次は何でしょうか？ 本質的でない部分をすべて投げ捨てて主要なアイデアだけを述べましょう。なぜ、この Ω という数が重要かを見ていきます。

今度は、(omega 0)、(omega 1)、(omega 2)、...が有理関数の単調増加数列であることを示しましょう。これは構成的ではありませんが、この数列の最小上界を表す実数が存在することが分かります。ですから、(omega n)が非構成的に実数 Ω を定義するのです。ほとんど構成的です。非常に近いのです。もしも Ω の各桁の数字を計算できたなら、構成的なのですが。下界をより良い値にすることはできますが、何ができないかというと、与えられた精度を得るように計算する方法だけがないのです。

これは、私が Ω と呼んでいる実数を定義します。この数を基数 2 のバイナリで書くものと想像しましょう。まず 0 を書き、小数点を打ち、ビットを書き出します。例えば、次のように。

$$\Omega = 0.011101...$$

このビット列を LISP の S 式と考えましょう。0 と 1 とが空白で区切られたリストです。また、Ω_N で、このビット列の最初の N ビット、Ω の最初の N ビットの LISP S 式を表しましょう。これは、N 個の要素のリストです。

証明したい定理は、$H(\Omega_N)$ が非常に複雑なこと、Ω の最初の N ビットに多くの情報が詰まっていることです。実際、これはアルゴリズム的に既約なのです。Ω の最初の N ビットをサイズが N ビットよりも大幅に小さいプログラムへ圧縮することは不可能です。正確な結果は次のようになります。

$$H(\Omega_N) > N - 8000$$

これが成り立ちます。

なぜ、Ω の最初の N ビットに多くの情報があるのでしょうか？ その理由は、難しいことではありません。Ω の最初の N ビットが分かったら、停止問題が解けるのです。時間はかかりますが、サイズが N ビットまでのすべてのプログラムに対して停止問題が解けるようになるのです。いったんこれが分かれば、停止するサイズが N ビットまでのすべてのプログラムを実行し、何を計算したか調べ、その計算結果を一つのリストにまとめることができます。それは、サイズが N ビットかそれ以下のプログラムではできないことです。

これをどうするか説明するには、8000 ビットが必要です。8000 ビットの接頭辞 ϕ_{8000} があります。この接頭辞を Ω の最初の N ビットを計算するプログラムの前に付けると、計算量が N より大きなものを計算するプログラムが得られます。それこそ、次の不等式の具体的な対象です。

$$H(\Omega_N) > N - 8000$$

私の万能チューリングマシン U に 8000 ビットの接頭辞 ϕ_{8000} で始まるプログラムを与えます。これは、たくさんのように聞こえますが、実際には、LISP で 1000 文字にすぎません。次に、それに Ω の最初の N ビットを計算する任意のプログラム Ω_N^* を、もしもそういうプログラムがあればの話ですが、連結します。どうして手に入るかは分かりません。次が得られます。

$$U(\phi_{8000}\Omega_N^*)$$

そこで、これを走らせます。最初に、プログラムを読み込んで、Ω の最初の N ビットを計算するために Ω_N^* を走らせます。次に、Ω_N が正しいものとなるまで、Ω の最初の N ビットを正しく計算するまで、(omega n)を使って Ω のより良い下界を求めていきます。神託によって、Ω の最初の N ビットを計算するプログラムが得られるでしょう。

いったん、U が n に対する(omega n)を Ω の最初の N ビットが正しくなるまで計算したなら、その時点で、停止するすべての N ビットプログラムが分かります。実際、プログラムが停止するとすれば、それは時間 n 内に停止します。

そこで、U にはこれらのプログラムで生成したものが手に入り、サイズが N ビットまでのすべての停止するプログラムの出力をまとめてリストにします。最終的に、U はこのリストを出力して停止します。言い換えれば、このリストは、

$$U(\phi_{8000}\Omega_N^*)$$

の値となります。これは、プログラムサイズ計算量が $H(x) \leq N$ であるようなすべての LISP S式 x のリストです。

このリストそれ自体は、プログラムサイズ計算量が $\leq N$ とはなりえません。自分自身を内部に含むことはできないからです。したがって、サイズが N ビットと同じか小さいプログラムの出力ではありえません。プログラムサイズ計算量は N より大きくなければなりません。したがって、リスト $U(\phi_{8000}\Omega_N^*)$ を生成するプログラム $\phi_{8000}\Omega_N^*$ は、そのサイズが N ビットよりも大きくなければなりません。言い換えれば、(Ω の最初の N ビットを計算する任意のプログラムのサイズ）に 8000 を加えると、N より大きくなるはずです。そこで、次の不等式になるのです。

$$H(\Omega_N) > N - 8000$$

私のウェブサイトでは、このプログラムを実際に見ることができます。いま記述したアルゴリズムを LISP でプログラムしました。このプログラムはたいしたことはありません。ϕ_{8000} は私の新しい LISP で 1 ページほどです。コメントをたくさん付けたり、多数の例を走らせれば、1 ページを超えるでしょう。

サイエンティフィックアメリカン誌で、マーチン・ガードナーが Ω についてのアルゴリズムを説明してくれたことがあります。私のウェブサイトには、このアルゴリズムを LISP で実際に書いてあり、例について走らせることができます。納得するまで、補助関数やその他のアルゴリズムの一部を走らせることができます。しかし、全部をまとめても、普通は実データ Ω_N に対して走らせるわけにはいきません。なぜなら、肝心なのは、Ω のビットを知ること自体が困難であること、アルゴリズム的に既約だということを示すことにあるからです。

ところで、

$$H(\Omega_N) > N - 8000$$

が、Ω がどうしようもなく計算不能であることを意味することは容易に分かります。二つの実数 Ω と π とを比較しましょう。π は、最初の N ビットが非常に小さなプログラムサイズ計算量を持つという特性を持ちます。N が与えられると、π の最初の N ビットを計算できます。ですから、π の最初の N ビットは、$\log_2 N$ ビットの計算量しか持ちません。しかし、Ω の最初の N ビットは既約であり、高々7999 ビットしか減らせません。$N - 7999$ までだということを証明できます。

ところで、プログラムサイズ既約性は、統計的ランダム性を意味します。ですから、Ω が既約だということは、Ω が正規実数だということを意味します。どの基底でも、すべての桁は同じ限られた相対頻度を持ちます。

9——Ω のビットが何かということを推論することさえできないという証明

さて、次は、この講義の最後のプログラムです。ここから、Ω の不完全性結果を得ます。次の不等式

$$H(\Omega_N) > N - 8000$$

は、Ω がアルゴリズム的に既約であると述べています。ところで、講義では、これが統計的なランダムさを意味することは証明しません。まわり道だからです。ただちに不完全性結果に行こうと思います。

　（しかし、手を振って規約性が統計的ランダムさを意味すると人を説得しようとしてもよいでしょう。あるいは、詳細まで苦労して実際にアルゴリズム的情報理論を開発してもよいでしょう。しかし、私の講義では、目標は主要な不完全性結果をできるだけ早く導き、面白そうな LISP プログラムで説明することであり、理論全体を開発することではありません。また、私の「アルゴリズム的情報理論」（*Algori-thmic Information Theory*）というケンブリッジ大学出版局発行の本にあるすべての証明を取り上げ、そのアルゴリズムの LISP プログラムを書き出すこともできます。以前それをやろうと始めたことがありましたが、すぐに諦めました。あまりにも作業量が多く、すべてのアルゴリズムをそこまで詳細に見たくはないからです。LISP でのプログラミングに集中しており、理論の中の面白いアルゴリズム、基本的な不完全性結果に関連したもの、私の理論で基本的概念であると考えるものを使いたいと思っています。）

　この講義の最後のプログラムは、Ω の不完全性結果を導くものです。

　次の質問から始めましょう。どのようにして、LISP で形式公理系を表現するのでしょうか？ 次のようにやります。それを、次々に定理を吐き出すブラックボックスと考えましょう。これが、実行を開始するプログラムです。停止するかもしれずしないかもしれない。通常は停止しません。次々に定理を出力します。

　なぜこれが形式公理系なのでしょうか？ アイデアは、内部で何が起こっているか、公理が何か、あるいは、どんな論理を使っているかは気にしません。注意するのは、ヒルベルトが明確に記述した基準です。つまり、形式公理系の本質は、証明チェックアルゴリズムが存在しなければならないということです。そうだとすれば、すべての可能な証明をサイズの順に実行していき、どれが正しいかを見ておき、すべての定理を印刷できるのです。もちろん、これは実際的ではありません。そうするための時間は指数関数的に増大するので、実際にこのプログラムを走らせたいと私は思いません。

　しかし、ごまかして、定理を次々に出力する LISP の S 式を使うことはできます。最終値ではないでしょう。順次、私が display と呼ぶ基本関数を用います。「中間結果

を出力」と言ってもよいでしょう。形式公理系を、次々と中間結果を出力する新しい
LISP 基本関数を呼び出す LISP の S 式として考えましょう。このようにして、定理で
ある多数の LISP S 式を打ち出します。

　ごまかして、実際の形式公理系を証明チェックアルゴリズムと一緒にして、すべて
の可能な証明を走らせることもできます。これはとてつもなく遅く（決して停止せ
ず）、ごまかして、いくつかの定理の例だけdisplayして停止する小さな例題を用い
ることもできます。これにより、小さな例を使って形式公理系で働くアルゴリズムを
デバッグできます。

　アルゴリズムは、このオモチャの形式公理系でどう働くのでしょうか？ 形式公理
系があるとします。それが、displayと呼ばれる新しい基本関数を使って中間結果を
出力する LISP プログラムであるということは合意しました。実際あらゆる通常の
LISP は、中間結果を出力する関数を持っています。これはデバッグに用います。しか
し、この枠組みでは、displayはもっと重要になります。これは、アルゴリズム情報
理論の計算機版では正式な役割を担います。なぜなら、tryがすべての中間結果を捕
えるからです。これは非常に重要です。

　tryは、LISP 式の時間制限実行評価です。tryを使って制限時間内でプログラムを
走らせ、プログラムに横にある生のバイナリデータを与え、最終的な値だけでなくす
べての中間出力を捕えるのです。これは非常に重要です。私が LISP に追加した新しい
基本関数tryは、しばらく形式公理系を走らせて、生成された定理は何かを見ます。そ
れが、この LISP の基本関数となります。tryによって返される値は、3 要素のリスト
$(\alpha\beta\gamma)$であり、α は、successまたはfailure、β は、tryが成功なら実行中の式の
値となり、失敗ならout-of-timeまたはout-of-dataとなります。γ は、display
が捕えた定理のリストです。定理は、表示されず、代わりにこのリストに入れられま
す。

　ところで、この LISP は、*Mathematica* で 300 行です。*Mathematica* をプログラミン
グツールとして使い、この LISP を発明しました。*Mathematica* で LISP インタープリ
タを書きました。私の LISP を使って設計の進化を試しました。*Mathematica* は知る限
りでは最も強力なプログラミング言語です。しかし、遅いのです。そこで、この LISP
を C で書き換えました。これは、C で 1000 行です。*Mathematica* より 100 倍速いので
すが、もちろん理解不能です。

　Mathematica コードは非常によいと思います。C コードは理解不能です。優れた C プ
ログラムの例に漏れず、非常に巧妙です。書いている間は扱えるのに、すぐ後から、プ
ログラマにとってすら理解不能です。

　Mathematica コードは、白状すると大好きです。これは、*Mathematica* の 300 行です。とても分かりやすいと思います。綺麗なので、講義をするなら、学生にこの LISP インタープリタを説明します。コードを読むのは重要だと思います。*Mathematica* でたった 300 行です。インタープリタに変更を加えて、理解したのだということを示すこともできます。この *Mathematica* のコードは、私のウェブサイトにあります（C のコードもあります。使うのはよいですが、理解しようとしないように！）。

　さて、次の（最後の）プログラムは何でしょうか？ このプログラムは、定理の無限集合を生成する機構である形式公理系で働きます。この FAS*は、*U* のバイナリプログラムとして与えられます。これは、LISP 式にバイナリデータを加えたものであり、その計算量は、これまで同様ビットサイズで測ります。形式公理系のプログラムサイズ計算量が *N* なら、それは、停止確率 Ω の高々 *N* + 15328 ビットの値を決定可能であること、値を証明可能であることを証明します。すなわち、

　　FAS がプログラムサイズ計算量 *N* を持つなら、それは、
　　Ω の高々 *N* + 15328 ビットを決定することが可能である [9]。

　証明はどうしましょうか？ ベリーのパラドックスと同じような証明があります。基本的な考え方は、もしも Ω の多くのビットを証明できるとしたら、Ω は、次の既約性を満たせないというものです。

$$H(\Omega_N) > N - 8000$$

　この場合には、Ω を圧縮して FAS の公理に押し込めることができます。それは、Ω を計算するには簡潔すぎるということになります。Ω のビットが何かを証明できるとしたら、それを行うのに、すべての可能な証明を系統的に探索して、Ω のビットを計算すればよいわけです。そうすると、

$$H(\Omega_N) > N - 8000$$

に反することになります。

　演繹と計算は非常に密接な関係にあります。チューリングは、有名な 1936 年の「計算可能数と決定問題への応用について」という論文ですでにこの事実に気づいていました。彼は、停止問題の解決不能性を用いて不完全性結果を証明しました。私の証明も同じレベル、同様です。

　ここで新しいのは、「最初の面白くない正整数のパラドックス」と大体同じことで

9　（原注）これは、Ω の計算論的（アルゴリズム的）既約性、すなわち、$H(\Omega_N) > N - 8000$ という事実と区別する

す。すなわち、ある数が面白くないと証明できるとすれば、それは面白い事実であり、「面白くない」は、アルゴリズム的に計算不能な概念となります。したがって、N が公理系の計算量よりも大きいならば、N ビット列がアルゴリズム的に圧縮不能であることを証明できないということになります。N ビット列は、証明に使う公理系よりもビット数で大きいならば、アルゴリズム的に既約であることを証明することができません。同様に、N ビットの公理系では、Ω の高々$N + 15328$ ビットしか得られません。

以上が基本的な考え方です。詳細は次のようになります。

7328 ビットのプログラム ϕ_{7328} を書き出します。これは、ほぼ１ページの LISP プログラムです。なぜ 7328 か？不完全性結果における定数を得るには、$H(\Omega_N)$ の不等式において、その定数に 7328 を加えないといけないからです。したがって、定数 8000 と 15328 との差異が、この講義の最終プログラムである次のプログラムのサイズになるのです。8 で割れば、LISP 式の文字数が得られます。

この LISP 式 ϕ_{7328} が行うのは次のことです。tryを用いて、そのコードの N ビットが与えられるはずの形式公理系を走らせます。すなわち、次の通りです。

$$U(\phi_{7328}\,\text{FAS*}\dots)$$

接尾辞 ϕ_{7328}、FAS の定理を出力するプログラム、および後で説明する追加の内容が連結されて、U に与えられます。

ϕ_{7328} は、次々により大きな時間限界を使って形式公理系を走らせ、定理である中間結果を捕捉します。定理については、Ω のどれだけのビットを得るのか調べていきます。この場合、ビットのうちの一部だけが得られ、他のビットは分からないという部分決定も許します。

そして、ϕ_{7328} が行うことは、Ω の大幅に多いビット、少なくとも 15329 ビット多いものを証明できる公理系の小集合を探すことです。そして、先ほど述べた分からなかった部分のビットを、１ビットずつ埋めていきます。したがって、ϕ_{7328} の最終出力は、次の

$$U(\phi_{7328}\,\text{FAS*}\,\Omega\ \text{の不明ビット})$$

の値となります。これは、Ω_N の一つになるはずです。ある N に対して、Ω の最初の N ビットのリストになるはずです。ところで、ϕ_{7328} は FAS* のすべてのビットまでは要らないかもしれません。形式公理系の、可能性としては無限であるような計算のうちの有限部分しか保持しないからです。

公理系の N ビットを使うことによって、本質的に Ω より N ビット多くの、すなわ

ち、$N + 15328$ ビットより大きなものが得られるならば、1 ビットのコストで分からなかったビットの値を埋めていくことができます。そこで、

$$H(\Omega_N) > N - 8000$$

という不等式にぶつかるわけです。これが肝心な点です。

　こういうわけで、基本的な考え方は素直なものです。実際に、この 7328 ビットの LISP プログラム ϕ_{7328} を作りましたので、それを走らせることができます。補助関数も試験できます。例に対してすべての補助関数を走らせて、その働きを納得することができます。しかし、アルゴリズム全体、その主関数を試験するには、ごまかしが必要です。実際の形式公理系を与えるわけにはいきません。すべての可能な証明をサイズ順に調べるようにするには、時間があまりにも長くかかりすぎるからです。ごまかして、試験用にごくわずかの定理を出力する LISP 式をこのアルゴリズムに与えます。

　このようにして、全体が働くことを納得することができます。さらに、少し微調整する必要があるかもしれません。LISP コードを少しだけ変更して、単純な試験事例でも働くようにできます。このように、簡単な例で試すことによって、例えばツェルメロ・フランケルの集合論のような本物の形式公理系を実際に与えてもすべて働くだろうと納得できます。

　どなたかに私の LISP の上でツェルメロ・フランケルの集合論をプログラムしていただきたいものです。この作業に関する限り、通常の LISP とほとんど変わりません。数学者が通常何ビットの計算量を仮定しているものかよく分かることでしょう。すべての努力は、定数 8000 と 15328 とを得るために費やされました。もし、ツェルメロ・フランケルの集合論 (ZF) をプログラムしたなら、切れ味のよい不完全性結果になります。Ω の高々 $H(ZF) + 15328$ ビットを得るというわけには行きますまい。恐らく、高々 96000 ビットではないでしょうか？ LISP で ZF をプログラムしてもらいたいものです。ここで止めましょう [笑い]。プログラミング疲れです。学生には宿題が必要でしょう。これがそれです。実際に学生が優秀なら、ツェルメロ・フランケルの集合論における定理を結構早く、すべての可能な証明をサイズ順に試すのではなく、それでは時間がかかりすぎますから、ある種の探索木を使って、妥当な時間内に実際に何か面白いことが起こるように思います。

10——議　論

　さて、こういったことはどうして面白いのでしょうか？ すでにご存じの方もおら

れることでしょうが、残りの数分で頑張って理由を説明しましょう。

　これは、クレージーなプログラムのように思えます。今まで、私はみなさんに「誰も今までプログラムしなかったことをプログラムするのは何と楽しいことでしょう！」と言っているみたいです。少なくとも、これまでの私の講義よりはそんな感じです。確かに、プログラミングは、強迫観念となりえます。生活を滅茶苦茶にします。朝の4時までプログラミングに凝っているのでは、端末の前に座って生活を破壊しているのと変わりありません。しかし、これが麻薬のようなものだという以外の言い訳はあるものでしょうか？　私にはあります。これは、哲学的に重要なことなのです。

　この不完全性定理の、この技術的結果のポイントは何でしょうか？

　　FAS がプログラムサイズ計算量 N を持つなら、それは、
　　Ω の高々 $N + 15328$ ビットを決定することが可能である。

　これが実際に告げていることは、Ω のいくつかのビット、例えば、最初のビットが得られるということです。Ω の最初のわずかなビットについては計算できるでしょう。実際、この理論の別の版では、別の UTM を用い（これは1文字 LISP、LISP アトムが1文字のものを使います）、Ω の最初の7ビットを得ました。全部のビットが1でした。Ω の下界が 127/128 なら、これらのビットは変わらないですね。最初の7ビットは1でした。今では、もっと親しみやすい LISP があるのですが、以前のプログラムはダメになり、Ω の最初の7ビットを決定することはもはや不可能です。

　とにかく、Ω の論理的および計算論的既約性に反することなく、Ω のビットをいくつか得ることができます。次の不完全性結果と不等式が矛盾しないのです。

　　Ω の高々 $H(\text{FAS}) + 15328$ ビットを決定できる。

$$H(\Omega_N) > N - 8000$$

　しかし、これにもかかわらず、基本的なことは、Ω が実際に数学の分野によっては、何も構造を持たず、何のパターンもないことを示すということです。

　次のようにも言えます。通常は、何かが真なら、その真である理由があると考えますね。数学では、この理由付けを証明と呼びます。数学者の仕事は、何かが真である理由を見つけること、すなわち証明を見つけることです。しかし、Ω のビットは、何の理由も持たない数学的事実なのです。それは偶然なのです。

　これは、非常に特殊な Ω です。私がプログラムしました。それがバイナリで書かれていたと仮定しましょう。例えば、33番目のビットは、0か1かと質問するとしましょう。どちらであるか証明しようとしたとしましょう。その答は、「できない」です。

できない理由は、特定のビットが0であったり1であったりする理由がないからです。0になるか1になるかのバランスは非常に微妙なので絶対に分からないのです。

それは、公正な硬貨を独立に投げるようなものです。どの場合にも独立に表か裏になります。そして、そこに理由は何もありません。この数学的事実、Ω のビットについても同じことなのです。Ω のビット列には、何の構造も何のパターンもありません。

誰かがどんな理由で Ω のビットを決定したいと思うかは分かりません。Busy Beaver 関数をやる人はいますが、これは Ω のビットを計算するようなものです。もし、何らかの理由で Ω のビットを決定しようとしたなら、この不完全性結果が示すのは、とてもとても困ってしまうだろうということです。Ω のビットが何かを証明する本質的に唯一の方法は、証明したい定理を新しい公理として追加することだからです。それは、既約数学情報です。新しい公理として追加するなら、**何でも**証明できます。重要なのは、Ω についてはそれが**唯一の方法**だということです。圧縮は一切不可能です。

構造もなく、パターンもなく、Ω は最大エントロピーを持ちます。公正な硬貨の独立なコイン投げを反映します。物理学者にとっては、これは結構納得できる話のようです。Ω は、最大エントロピーを持ち、Ω のビットは、一切相関を持ちません。しかし、数学者にとっては、これはおかしな話に聞こえるようです。

私が新しく定義した Ω は、よく定義された実数です。どちらかと言えば単純な定義を持つ実数です。Ω を定義する LISP プログラムをコンピュータスクリーン上に書くことまでできます。ですから、プラトン的に考えれば、ビットはどれも0か1なのです。たとえ、どれがどっちかを知ることが絶対できないとしても。白か黒かなのです。そして、**灰色**だと考えた方が実はよいかもしれないと思うのです。Ω の各ビットが0が半分、1が半分という確率を持つと考えた方が、たとえ、この数を定義するプログラムを書いてあり、特によく決定されたビットだとしても、よいということです。この定義は、ビットずつ計算したものではありません。それは、Ω の不可知性に矛盾します。そうではなく、Ω のプログラムが Ω のより良い下界を計算し、Ω が、π がそうであるという同じ意味で、**ほとんど**計算可能な実数だという意味でです。ほとんど、しかし、全くではありません。

ですから、問題は次のようなものです。私は、一生懸命構成的であろうと、できる限り構成的であるよう努めています。プログラムを書くということは、構成主義者であるという確かな印ですよね [笑い]。プログラムの詳細まで決定したいと思います。しかし、私は、非構成的なものについてできるだけ構成的であろうとしているのです。何

かが、構成的なもの、数学的推論の能力からすり抜けてしまうのです。計算できないのです。しかし、構成可能性と構成不能性との間のちょうど境界なのです。Ω はすごく良いと思います。ちょうど境界にあるのです。

　さて、これは、すべての数学が死屍累々となっているというのではありません。数学の通常の概念は、我々すべてが合意できる少数の有限個の公理と推論規則があり、そこからすべての無限の数学的真実が導出されるというものです。これは、ユークリッド、ライプニッツ、ペアノ、フレーゲ、ラッセルとホワイトヘッド、そしてヒルベルトにつながる伝統です。そして、ゲーデルは、そこに問題があることを証明したのです。チューリングは、コンピュータを含んだ異なる手法を用いて問題の存在を証明しました。Ω は、この伝統に連なっており、問題がより大きなものであることを示します。しかしながら、これが数学を止めた方がよいという意味だとは私は思いません。Ω の意義は、不完全性の意義は何でしょうか？　実際に数学をやる方法にどう影響するのでしょうか？　私の意見を申し上げましょう。

　もちろん、数学の本質については、延々と議論されてきました。数学者は世代に応じて、それなりの解答を持っています。私は、個人的な考えを、当面の結論を申し上げたいと思います。

　ある哲学者が語った非常によい言葉があります。彼は、数学基礎論の新しい学派が、新しい準経験的観点が現れていると語っています。形式主義学派、論理主義学派、および直観主義学派があります。Thomas Tymoczko は、「数学哲学における新しい方向」という本を出しています。これには、私の二編を含めて多くの論文が載せられており、彼の考えるところでは、主として数学基礎論の新しい準経験的観点を支援するものです。

　さて、準経験的とは何を意味するのでしょうか？　私の意見を申します。準経験的とは、**純粋数学が物理学とそんなに変わらないという意味です。**純粋数学の通常の意味は、数学者は、神の思考に、絶対真実に直接連なるものだというものです。哀れな物理学者よ！　ご存じのように、ニュートンの力学を使いました。しばらくは良かったのですが、アインシュタインがその間違いを示しました。そして、驚くべきことに、量子力学はアインシュタインが間違っていることを示しました。今では、超ひも理論があります。正しいのでしょうか？　間違っているのでしょうか？　数学者は笑ってこういうでしょう。「かわいそうな物理学者よ、とんでもないテーマだ。いつも後戻りして、何をしているか分かっていない。全部その場しのぎだ！」

　私は、数学者も物理学者も実はそんなに変わらないと思います。こういうと物理学者は喜ぶのです [笑い]。

　別の方法で説明してみましょう。ユークリッドは、数学は自明な真実に基づくと言いました。しかし、私の印象では、公理は必ずしも自明な真実ではありません。自明な真実なぞ信じません。もっと物理に近いのではないでしょうか？　数学は、もっと物理のようにすべきです。役に立つなら、自明でなくても、新しく公理として付け加えてよいのです。もちろん、「しまった」という覚悟が要ります。公理を取り除けばよいのです。数学者はそうするのがいやでしょうが。

　これはクレージーに聞こえるかもしれません。実際のところ、これは私一人の意見ではありません。ゲーデルも、その全集の第 2 巻、「ラッセルの数理論理」という小論で、同じような意見を述べています。この論文は、もともと「バートランド・ラッセルの哲学」（*Philosophy of Bertland Russel*）という Paul Arthur Schilpp の著作の中に収められていたものです。

　以前、数学に新しい公理を付け加えることを彼に話したことがあります。その返事は、「分かった。通常の公理からリーマン仮説が導けないということを君が証明できたら、喜んで新しい公理として追加するよ」というものでした。これは難しい問題です。リーマン仮説がもしも成り立たないものなら、その間違いを容易に立証できるような数値的な反例があるはずだからです。したがって、リーマン仮説が通常の公理では手に負えないことを証明できるとしたら、それは、リーマン仮説が真であることを含意するだろうからです。

　この考えについては様々な議論があります。

　しかし、アルゴリズム的情報理論で肝心なこと、不完全性に対する私の情報理論的アプローチで重要なことは、公理集合からより多くの情報を得ようとすれば、それだけ多くを公理集合に入れないといけないことがあるということです。だから、もっと公理を入れましょう。物理学者はいつもそうしています。

　こういう考えを私は随分前から抱いていました。最初の情報理論的不完全性定理は1970 年に証明しました。ほんの 2、3 年前にもとの証明にあったアルゴリズムを実際にプログラムする方法を発見し、例について走らせることができました。さらに最近驚いたことに、アインシュタインからも、ゲーデルからも非常に関係のある引用のあることを発見もしくは再発見したのです。それらをご紹介して終わりにしましょう。

　アインシュタインは、素敵な発言をしていますが、数学者によっては私に怒り出す人もいます。でも、何が問題なのでしょう。彼は物理学者にすぎないのに〔笑い〕。「バートランド・ラッセルの知識理論についての注意」という「バートランド・ラッセルの哲学」に収められている小論で、アインシュタインは、「整数列は明らかに人間の心の発明物であり、ある種の感覚的経験の順序を単純化する自己生成ツールである」と

言っています。ですから、アインシュタインの態度は極めて経験的です。

　私の思うには、アインシュタインの立場は、正の整数はアプリオリなもの、神が与えてくれたものではなく、他の物理学と同様に私たちが発明したものだというものです。しかし、正の整数は、他の概念よりもあまりにも長く存在しているためにアプリオリなものに見えます。随分昔に発明したものです。あるアイデアが2、3000年もの間存在していたなら、人々がそれを自明であると、常識だと、「必要な思考の道具」だと考えるにいたっても驚くには当たらないでしょう。別の極端は、物理学における最近の場の理論でしょう。それは、その場しのぎに見えます。最近現れて、来週にはなくなると思いませんか？　しかも、おそらく13個ほどの異なった版があります。正の整数は長期間存在してきましたが、それでも一つの発明にすぎません。

　私はこのアインシュタインの言葉を気に入っていますが、これは数学者を納得させません。

　そして、ゲーデルの非常に面白い発言がいくつかあります。ゲーデルの全集に載せられています。ゲーデルの哲学的立場は、アインシュタインの対極にありました。ゲーデルは、数学のアイデアのプラトン的宇宙を信じていました。彼は、正の整数がテーブルや椅子と同じように実在するものであると信じていました。正の整数は無限個あり、それらはどこかにあるのです。それは、数学的アイデアのプラトン的宇宙に実在します。それが数学的対象のある場所なのです。

　私には分かりません。子どもの頃はこんなことを笑っていたものです。しかし、最近は真面目に考えるようになっています。みなさんは若いし、数学を学ぼうとし、初等整数論をやっているからといって、初等整数論が任意に大きい正の整数の存在を前提としているという事実に気を揉み始めたり、宇宙にどういう位置を占めるか気にしないでしょう。次のような桁数を持つ正の整数を考えてみましょう。

$$10^{10^{10^{10}}}$$

こんな数は存在するでしょうか？　どういう意味で存在するのでしょうか？　みなさんがたは、それについての定理の証明などは気にしないでしょうね。それは可換ですね。たとえ、宇宙の中に収まらないとしても、$a + b$は$b + a$と等しくなるはずです [笑い]。しかし、年を取るとこれが気にかかるようになるのです [笑い]。

　私には、正の整数が存在するのかどうか分かりません。しかし、ゲーデルは、存在すると信じていました。その哲学的立場は、プラトンの名前に連なっていました。しかし、正の整数が実際に存在する、無限にそこに存在するというのは、実に古典的数学の立場です。そして、そこから出発して、ゲーデルは実に驚くべき結論に達したの

です。正整数は机や椅子と同様の実在物ですから、計算することによって実験することができ、そして、あるパターンを見つけたら、科学者が電子を扱うように試してみることができるわけです。整数は電子と同様実在物ですから、科学者と同じ手法が適用できないわけがありません。

　次は、全集の第3巻に載っていたそれまで未公開の1951年の手稿にあるゲーデルの言葉です。

　　「もし数学が対象世界をちょうど物理学のように記述するなら、帰納的方法が物理学の場合と同様に数学に適用されてならないという理由は何もない。」

　そして、全集の第2巻の「カントールの連続性問題とは何か」という小論において、ゲーデルは、集合論の新しい理論が得られるかもしれない、物理学者が物理的対象について新しいアイデアを持ち出すように、集合についての新しいアイデアが得られるかもしれないと述べています。それらの新しい原理に対する正当化は、それが有用なこと、それが数学的経験の組織化を助けてくれることにあるのでしょう。それは、物理法則の最終的な正当化が、我々の物理的経験の組織化に役立つことにあるのと同じことです。

　これは、非常に面白いことだと思います。骨の髄まで経験主義者のアインシュタインと、骨の髄までプラトン主義者のゲーデルとがいて、二人が同じような結論に到達したのです。もっとも、二人はプリンストン高等研究所の同僚であり、お互いに影響があったとしても驚くには当たらないでしょう。そして、みなさんがたに今日説明した情報理論的観点もまさに同じ結論に達するのです。

　さらに面白いのは、これらの数学の基礎に関する研究成果が数学者の実際の研究を少しも変えていないと信じられることです。ゲーデルの不完全性定理は、当初非常に衝撃的でした。しかし、それから数学者は、ゲーデルが構成した真ではあるが証明不能な種類のことは、数学者として日常的な研究で扱うような種類の断言ではないということに気づいたのです。それは、Ω についてもあてはまると思います。Ω との付き合いが長くなればなるほど、私には Ω は自然なものと思われるようになりました。しかし、懐疑的な人は「私には Ω のビットは関係ありません、たとえ、問題があるにしても！」と言うかもしれません。

　しかし、私の考えでは、何か他のものが数学者が日常的な研究を行う上で違いを生ぜしめています。コンピュータが数学的経験を大幅に広げたのは事実です。多くの物理学者は、コンピュータの上で実験をするようになっています。「実験数学」（*Experimental Mathematics*）という題の学術誌すらあります。

　コンピュータは、数学的経験を途方もなく増大させました。これにどう付き合えばよいのでしょうか？ 答は、時には何かが起こっているようで、証明できたらよいのだけれど、今のところはできないので、予想するだけだと言うものです。数理物理学をやっているなら、まさに、数学と物理学の境界にいるわけで、このように振る舞っても大丈夫でしょう。しかし、あなたが数学者なら、境界を超えてしまっているわけで、もはや何も明らかではありません。

　かつて、このような会話を数学者と交わしたことがあります。リーマン仮説が話題に上ると彼はこう言いました。「我々が今やっている方法でうまく行っています。論文を書けば、その論文がいわば『リーマン仮説のモジュロ』となるわけですから、わざわざ新しい公理と呼ばなくてもいいじゃないですか？」彼は、要点を突いています。しかし、私の考えでは、ある原則が長期にわたって有用であり、誰もそれの間違いを指摘できないなら、どうして新しい公理と呼ばないのでしょうか？ もちろん、性急にこんなことをすべきではありません。物理学者のように、よく注意する必要があります。もっとも、物理学者は実際どれだけ注意しているものかしらとも思うのですが [笑い]。

　以上が概要です。私のウェブサイトには、この講義が、私の LISP インタープリタの *Mathematica* コード（本書「補講 2」にも収録）と一緒に載せてあります。遊んでみてください。電子メールを送ってください。もしも、大学で実際に学生に数学の限界についての私の講義をしてくださるものなら、それこそ大喜びです。

　とにかく、長年にわたって講演するよう招待いただきありがたく思っていますし、いつも議論は楽しいものです。今は少し疲れていますが、なにしろ 15 歳のときからこれに取り組んできましたし、嬉しいことに、未だに新しいアイデアが浮かぶのです [笑い]。今のところは、これで終わりです。そのうち、また、話すことができて、また、ここに来れてみなさんと議論できるといいですね。ありがとうございました [拍手]。

数学の限界

［*Journal of Universal Computer Science* 第 2 巻第 5 号（1996 年 5 月 28 日）pp. 270-305］

1——導 入

　注目すべきことに、プログラムが容易で素早く走れる自己限定万能チューリングマシン（UTM）の新しい定義を構成した。これは、自己限定 UTM のプログラムのビットサイズの理論でもある、アルゴリズム的情報理論（AIT）の新しい基礎を与える。従来の AIT は、抽象的な数学的品質しか持っていなかった。今や、定理の証明の構築を具体化した実行可能プログラムを書き下ろすことが可能になった。ゆえに、AIT は、遠隔の理想化された神秘的オブジェクトを扱うものから、実際に、もてあそび使うことができる実用的な地に足のついた道具に関する理論となった。

　この新しい自己限定 UTM は、著者がこの目的のために発明した LISP の新版で書いたソフトウェアで実装される。この LISP の設計には、*Mathematica* で書いたインタープリタを用いた。これは、C にも翻訳した。このソフトウェアは、IBM RS/6000 ワークステーションの AIX 版 UNIX で走らせて試験した。

　この新しいソフトウェアおよび最新の理論的アイデアを用いて、今や、二つの基本的情報理論的不完全性定理に対する最新の証明を非常に具体的に提示する自己完結的なハンズオンの集中講義が可能となっている。最初の定理では、N ビットの形式公理系では、プログラムサイズ計算量が $N + c$ より大きい対象についての証明が不可能であることを示す。第 2 の定理は、N ビットの形式公理系では、停止確率 Ω の $N + c'$ より大きな散乱ビットを決定できないことを示す。

　ほとんどの人は、真であるモノはどういうわけか真であると信じている。この定理では、あるモノは理由もなく真であること、すなわち、偶然に、ランダムに真であることを証明する。

　この講義で示すように、この二つの定理の証明で使われるアルゴリズムは今やプログラムして走らせることが容易であり、この種のプログラムのサイズをビットで見ることによって、実際に初めて定数 c と c' の正確な値を決定できる。

　この方式とソフトウェアを、私は 1994 年夏に米国メーン州のオロノにあるメーン大学の数学の限界についての短期集中講義で用いた。また、1995 年春のサンタフェ研究所滞在中および 1995 年夏のルーマニアの黒海大学での学会で、この教材を用いて講義した。これらの講義のまとめは、サンタフェ研究所とワイリー社が発行する新しい論文誌である *Complexity* の最新号に「アルゴリズム的情報理論の新版」という題で掲載される予定である。また、「どのようにアルゴリズム的情報理論をコンピュータで走らせるか」という題で基本的なアイデアについての技術的な議論を *Complexity* 誌に発表予定である。

　この内容について異なる三箇所で講義した後で、もともとの形式でこれを理解するのは非常に困難であることが明白になった。したがって、1996 年春のフィンランドのロバニエミ工科大学の講義では、より分かりやすい本書のソフトウェアを用いる予定である。すべてをできる限り分かりやすいように再構成した。

　このような刺激に富む招待をしてくれた、メーン大学 George Markowsky 教授、オークランド大学 Cristian Calude 教授、サンタフェ研究所 John Casti 教授、ロバニエミ工科大学教授 Veikko Keränen に感謝する。また、ほぼ 30 年にわたる研究を支援してくれた IBM ならびに Dan Prener、Christos Georgiou、Eric Kronstadt、Jeff Jaffe、Jim McGroddy という IBM 研究部門の上司に感謝する。

　本報告には、アルゴリズム的情報理論の情報理論的不完全性定理を提示するのに用いた LISP 実行結果*.rを含む。この講義のソフトウェアを電子メールで入手したい人は、chaitin@watson.ibm.comに要請して欲しい。

2——新しいアイデア

　この新しい LISP を要約すると次のようになる。アトムは語もしくは符号のない 10 進整数となる。コメントは、[comment]のようになる。LISP 基本関数は、固定個数の引数を取る。'はQUOTE、=はEQ、ならびにatom、car、cdr、cadr、caddr、consが通常の意味で提供される。lambda、define、let、if、display、evalもある。"は、明示的な丸括弧を持つ S 式がその後に来ることを示す。この LISP では、通常は、丸括弧を省略した M 式を用いる。nilは空リスト()を示し、論理真偽値はtrueとfalseになる。符号なし 10 進整数を扱うために、+、-、*、^、<、>、<=、>=、base10-to-2、base2-to-10がある。

　ここまでは標準的である。新しいアイデアは次のようになる。標準的自己限定万能チューリングマシンを次のように定義する。プログラムはバイナリであり、テープ上

に次の形式となる。最初に、ASCII の 1 文字 8 ビットで書かれた LISP 式が来る。行末文字'\n'で停止する。チューリングマシンは、この LISP 式を読み込んで、評価する。評価においては、引数を持たない read-bit と read-exp の二つの新しい基本関数を用いて、チューリングマシンのテープから続けて読み込む。テープが尽きると、両方の関数は爆発して計算を殺す。read-bit は、テープから単一ビットを読み込む。read-exp は、8 ビット文字の塊で LISP 式全体を行末文字'\n'に到達するまで読み込む。

　これだけが、チューリングマシンのテープにある情報をアクセスする方法である。したがって、自己限定的に使わねばならない。どのアルゴリズムもテープ終端を探し出せないからであり、計算においてはデータとしてテープの長さを用いる。アルゴリズムがテープにないビットを読もうとすると、アルゴリズムがアボートする。

　そもそもチューリングマシンのテープに情報をどうやって貯えるのか？　初期環境では、テープは空であり、読もうとするとエラーメッセージが生じる。テープに情報を置くには、式が評価できるかどうかを調べようとする基本関数 try を用いなければならない。

　try の三引数 α、β、γ を考える。第 1 引数の意味は次のようになる。no-time-limit なら、深さに限界はない。さもなければ、α は符号なし 10 進整数でなければならず、深さの制限を与える（関数呼出しおよび再評価の入れ子深さの制限である）。第 2 引数は、深さ限界を超えない限りは、評価される式である。第 3 引数は、チューリングマシンのテープとして用いられるビットのリストである。

　基本関数 try が返す値 v は、三つ組となる。β の評価が成功裡に完了したならば、v の第 1 要素は、success となる。そうでないと、v の第 1 要素は、failure となる。チューリングマシンのテープから存在しないビットを読み込もうとして β の評価がアボートしたなら、v の第 2 要素は、out-of-data となる。深さ制限 α が超えてしまったために β の評価がアボートしたなら、v の第 2 要素は、out-of-time となる。この LISP は、最大限許容可能な意味論を持つよう設計したので、これらだけが、可能なエラーフラグとなる。計算 β がアボートせずに正常に終了したなら、v の第 2 要素は計算 β によって生成された結果、すなわち値となる。これが基本関数 try により生成されたリスト v の第 2 要素である。

　値 v の第 3 要素は、β の評価の途中で発生した基本関数 display へのすべての引数のリストとなる。より具体的に述べると、β の評価の途中で display が N 回呼ばれるなら、v の第 3 要素は、N 個の要素のリストとなる。display の N 個の引数は、v の第 3 要素に時間順に並ぶ。したがって、try は、計算 β がテープを読みすぎていない

か、あるいは行きすぎていないか（すなわち、深さが α より深くなっていないか）を決定するのに用いられるだけでなく、計算 β がアボートされるかどうかに関係なく、β が計算途中で表示したすべての出力をとらえるのにも用いられる。

まとめると、バイナリプログラム p を走らす自己限定万能チューリングマシン $U(p)$ をシミュレートするためには次を書きさえすればよい。

```
try no-time-limit 'eval read-exp p
```

これは、基本関数から括弧を省略したM式である（すべての基本関数は、固定個の引数を取ることに注意）。括弧を補うと次のS式となる。

```
(try no-time-limit ('(eval(read-exp))) p)
```

これは、チューリングマシンのテープ p から一つの完全な LISP S 式を読み込み、それを、時間制限を設けず、テープ p に残っている情報を用いて評価することを意味する。

他の基本関数も追加された。二引数関数appendは、リストの連結を意味する。一引数関数bitsは、S式を ASCII 文字列表現のビットのリストに変換する。これらは、後でtryの第3引数 γ を用いてチューリングマシンのテープ上に置かれるビット列を構築するのに用いられる。S式の文字数およびリストの要素数とを与える一引数関数sizeおよびlengthも提供する。append、sizeおよびlengthという関数は、組み込みの基本関数としてではなく、プログラムすることも可能なことに注意。組み込み関数として与える方が便利であり高速なのでこうしてある。

最後に、引数を出力するという副作用を持つ一引数恒等関数debugがデバッグのために新しく追加された。debugにより生成された出力は、正式なdisplayおよびtryの出力機構からは見えない。debugは、try α β γ が β の深さ制御済み評価中に生成したすべての出力 θ を抑制するので必要となる。tryは、β の評価中のすべての出力 θ を取り集めて、tryが返す最終値 v に含める。すなわち、$v =$ (success/failure, β の値, θ)となる。

3──講義概要

この講義は新しい LISP の例の説明から始まる。後のexamples.rを参照。

次に、LISP のプログラムサイズ計算量の理論を少しばかり展開する。LISP プログラムサイズ計算量は、非常に単純で具体的である。特に、自己包含 LISP 式がエレガン

トであること、すなわち、それより小さい LISP 式が同じ値を持たないことが証明不能
であることの証明が容易である。具体的には、LISP 計算量 N の形式公理系は、LISP
式が $N + 410$ 文字より長い場合には、その LISP 式がエレガントであることを証明で
きない。godel.rを参照。

　さらに、前節で説明した次のプログラムを用いて、標準的自己限定万能チューリン
グマシンを定義する。

```
cadr try no-time-limit 'eval read-exp p
```

　次に、$c = 432$ で以下の式を証明する。

$$H(x, y) \leq H(x) + H(y) + c$$

ここで $H(...)$ は、この標準的万能チューリングマシンが計算する最小プログラムのサ
イズをビットで表記する。この不等式は、対 (x, y) を計算するのに必要な情報が、x
を計算するのに必要な情報と y を計算するのに必要な情報との和に定数 c を加えた
値を超えないことを述べている。次を考える。

```
cons eval read-exp
cons eval read-exp
    nil
```

これは、基本関数から括弧を省略した M 式である。括弧を補うと次の S 式となる。

```
(cons (eval (read-exp))
(cons (eval (read-exp))
    nil))
```

　$c = 432$ は、この LISP S 式の文字数に 8 を掛けて、さらに 8 ビット足したものとな
る。utm.rを参照。

　サイズが $|x|$ ビットのバイナリ列 x を考える。さらに、$c = 1106$ および $c' = 1024$ に
ついて、次の式をutm.rで示す。

$$H(x) \leq 2|x| + c$$

および

$$H(x) \leq |x| + H(|x|) + c'$$

である。これまで同様、これを行うプログラムを表示し走らせる。

　次に、無限帰納可算集合 X の自己限定プログラムサイズ計算量 $H(X)$ を扱う。これ

は、永久に停止せずに実行を継続し、帰納可算集合 X のメンバーを LISP 基本関数 displayを用いて出力する最小 LISP 式のサイズをビットで定義する。display関数は、引数の値を出力する副作用を持つ恒等関数である。この LISP 式 ξ は、基本関数 read-bitおよびread-expを用いてチューリングマシンテープから追加ビットや式を読み込むことができることに注意。もちろん、ξ にはこの機能が含まれ、そのために x のプログラムサイズが増えている。

　この終わらない式 ξ を扱うために、時間制限評価のための LISP 基本関数tryが第 2 引数 β 内のからのdisplayによるすべての出力をとらえる。

　計算量 N の形式公理形 A を考える。すなわち、上のような帰納可算集合と考えられる定理集合 T_A は、自己限定プログラムサイズ計算量 $H(T_A) = N$ を持つ。A は、$N + c$ より大きい自己限定計算量 $H(s)$ の特定の S 式を示すことができないことを証明する。ただし、$c = 4872$ とする。godel2.rを参照。

　次に、以下の制限を持つ標準的自己限定万能チューリングマシンの停止確率 Ω を計算する二つの異なる方法を示す。omega.rおよびomega2.rを参照。第 1 の方法 omega.rは、素直である。Ω を計算する第 2 の方法omega2.rは、より巧妙である。その巧妙な方法をサブルーチンとして用いて、2 進実数 Ω の小数部の最初の N ビットを Ω_N とするなら、$c = 8000$ で

$$H(\Omega_N) > N - c$$

となる。これも、実際に走ることができ、サイズが c のための値を与えるプログラムで行う。omega3.r を参照。

　再度、計算量 N すなわち自己限定プログラムサイズ計算量 $H(T_A) = N$ の形式公理形 A を考える。omega3.rで確立した $H(\Omega_N)$ 上の $N - c$ の下界を用いて、A が Ω の最初の $N + c'$ ビットより多くを決定できないことを証明する。実際、分散していてギャップがあったとしても、A が Ω の最初の $N + c'$ ビットより多くを決定できないことを証明する。godel3.rを参照。

　最後に、これも重要なことだが、この哲学的意味を論じる。特に、実験数学の必要性と絡めて論じる。これは、「算術におけるランダム性と純粋数学における還元主義の衰退」という題での講演の筋に沿ったものとなる。

　これで、数学の情報理論的限界についての「ハンズオン」集中講義を終える。

参考文献

この講義のための資料を次に示す。

[1] G. J. Chaitin, "Randomness in arithmetic and the decline and fall of reductionism in pure mathematics", *in J. Cornwell*, Nature's Imagination, Oxford University *Press*, 1995, pp. 27-44.本文第1章に転載。

[2] G. J. Chaitin, "The Berry paradox", *Complexity* 1:1 (1995), pp. 26-30.

[3] G. J. Chaitin, `"A new version of algorithmic information theory", *Complexity*, Vol. 1, No. 4 (1995/1996), pp. 55-59.

[4] G. J. Chaitin, "How to run algorithmic information theory on a computer", *Complexity*, Vol. 2, No. 1 (September 1996), pp. 15-21.

examples.r

```
LISP Interpreter Run

[ Test new lisp & show how it works ]

aa [ initially all atoms eval to self ]

expression  aa
value       aa

nil [ except nil = the empty list ]

expression  nil
value       ()

'aa [ quote = literally ]

expression  (' aa)
value       aa

'(aa bb cc) [ delimiters are ' " ( ) [ ] blank \n ]

expression  (' (aa bb cc))
value       (aa bb cc)

(aa bb cc) [ what if quote omitted?! ]

expression  (aa bb cc)
value       aa
```

```
'car '(aa bb cc) [ here effect is different ]

expression  (' (car (' (aa bb cc))))
value       (car (' (aa bb cc)))

car '(aa bb cc) [ car = first element of list ]

expression  (car (' (aa bb cc)))
value       aa

car '((a b)c d)

expression  (car (' ((a b) c d)))
value       (a b)

car '(aa)

expression  (car (' (aa)))
value       aa

car aa [ ignore error ]

expression  (car aa)
value       aa

cdr '(aa bb cc) [ cdr = rest of list ]

expression  (cdr (' (aa bb cc)))
value       (bb cc)

cdr '((a b)c d)

expression  (cdr (' ((a b) c d)))
value       (c d)

cdr '(aa)

expression  (cdr (' (aa)))
value       ()

cdr aa [ ignore error ]

expression  (cdr aa)
```

value   aa

cadr '(aa bb cc) [combinations of car & cdr]

expression (car (cdr (' (aa bb cc))))
value   bb

caddr '(aa bb cc)

expression (car (cdr (cdr (' (aa bb cc)))))
value   cc

cons 'aa '(bb cc) [cons = inverse of car & cdr]

expression (cons (' aa) (' (bb cc)))
value   (aa bb cc)

cons'(a b)'(c d)

expression (cons (' (a b)) (' (c d)))
value   ((a b) c d)

cons aa nil

expression (cons aa nil)
value   (aa)

cons aa ()

expression (cons aa ())
value   (aa)

cons aa bb [ignore error]

expression (cons aa bb)
value   aa

("cons aa) [supply nil for missing arguments]

expression (cons aa)
value   (aa)

("cons '(aa) '(bb) '(cc)) [ignore extra arguments]

```
expression  (cons (' (aa)) (' (bb)) (' (cc)))
value       ((aa) bb)
```

atom ' aa [is-atomic? predicate]

```
expression  (atom (' aa))
value       true
```

atom '(aa)

```
expression  (atom (' (aa)))
value       false
```

atom '( )

```
expression  (atom (' ()))
value       true
```

= aa bb [are-equal-S-expressions? predicate]

```
expression  (= aa bb)
value       false
```

= aa aa

```
expression  (= aa aa)
value       true
```

= '(a b)'(a b)

```
expression  (= (' (a b)) (' (a b)))
value       true
```

= '(a b)'(a x)

```
expression  (= (' (a b)) (' (a x)))
value       false
```

if true x y [if ... then ... else ...]

```
expression  (if true x y)
value       x
```

if false x y

expression   (if false x y)
value   y

if xxx x y [anything not false is true]

expression   (if xxx x y)
value   x

[display intermediate results]
cdr display cdr display cdr display '(a b c d e)

expression   (cdr (display (cdr (display (cdr (display (' (a b
             c d e)))))))))
display   (a b c d e)
display   (b c d e)
display   (c d e)
value   (d e)

('lambda(x y)x 1 2) [lambda expression]

expression   ((' (lambda (x y) x)) 1 2)
value   1

('lambda(x y)y 1 2)

expression   ((' (lambda (x y) y)) 1 2)
value   2

('lambda(x y)cons y cons x nil 1 2)

expression   ((' (lambda (x y) (cons y (cons x nil)))) 1 2)
value   (2 1)

(if true "car "cdr '(a b c)) [function expressions]

expression   ((if true car cdr) (' (a b c)))
value   a

(if false "car "cdr '(a b c))

```
expression  ((if false car cdr) (' (a b c)))
value       (b c)


('lambda()cons x cons y nil) [ function with no arguments ]

expression  ((' (lambda () (cons x (cons y nil))))))
value       (x y)


[ Here is a way to create an expression and then
  evaluate it in the current environment.  EVAL (see
  below) does this using a clean environment instead. ]
(display
cons "lambda cons nil cons display 'cons x cons y nil nil)

expression  ((display (cons lambda (cons nil (cons (display ('
            (cons x (cons y nil)))) nil)))))
display     (cons x (cons y nil))
display     (lambda () (cons x (cons y nil)))
value       (x y)


[ let ... be ... in ... ]

let x a cons x cons x nil [ first case, let x be ... in ... ]

expression  ((' (lambda (x) (cons x (cons x nil)))) a)
value       (a a)


x

expression  x
value       x


[ second case, let (f x) be ... in ... ]

let (f x) if atom display x x (f car x)
 (f '(((a)b)c))

expression  ((' (lambda (f) (f (' (((a) b) c)))))) (' (lambda (
            x) (if (atom (display x)) x (f (car x)))))))
display     (((a) b) c)
display     ((a) b)
display     (a)
display     a
```

value   a

f

expression f
value   f

append '(a b c) '(d e f) [concatenate-list primitive]

expression (append (' (a b c)) (' (d e f)))
value   (a b c d e f)

[define "by hand" temporarily]

let (cat x y) if atom x y cons car x (cat cdr x y)
    (cat '(a b c) '(d e f))

expression ((' (lambda (cat) (cat (' (a b c)) (' (d e f)))))
            (' (lambda (x y) (if (atom x) y (cons (car x) (cat
            (cdr x) y))))))
value   (a b c d e f)

cat

expression cat
value   cat

[define "by hand" permanently]

define (cat x y) if atom x y cons car x (cat cdr x y)

define   cat
value   (lambda (x y) (if (atom x) y (cons (car x) (cat (cdr x) y))))

cat

expression cat
value   (lambda (x y) (if (atom x) y (cons (car x) (cat (cdr x) y))))

(cat '(a b c) '(d e f))

expression (cat (' (a b c)) (' (d e f)))
value   (a b c d e f)

```
define x (a b c) [ define atom, not function ]

define      x
value       (a b c)

cons x nil

expression  (cons x nil)
value       ((a b c))

define x (d e f)

define      x
value       (d e f)

cons x nil

expression  (cons x nil)
value       ((d e f))

size abc [ size of S-expression in characters ]

expression  (size abc)
value       3

size ' ( a b c )

expression  (size (' (a b c)))
value       7

length ' ( a b c ) [ number of elements in list ]

expression  (length (' (a b c)))
value       3

length display bits ' a [ S-expression --> bits ]

expression  (length (display (bits (' a))))
display     (0 1 1 0 0 0 0 1 0 0 0 0 1 0 1 0)
value       16

length display bits ' abc [ extra character is \n ]
```

```
expression   (length (display (bits (' abc))))
display      (0 1 1 0 0 0 0 1 0 1 1 0 0 0 1 0 0 1 1 0 0 0 1 1 0
              0 0 0 1 0 1 0)
value        32
```

length display bits nil

```
expression   (length (display (bits nil)))
display      (0 0 1 0 1 0 0 0 0 0 1 0 1 0 0 1 0 0 0 0 1 0 1 0)
value        24
```

length display bits ' (a)

```
expression   (length (display (bits (' (a)))))
display      (0 0 1 0 1 0 0 0 0 1 1 0 0 0 0 1 0 0 1 0 1 0 0 1 0
              0 0 0 1 0 1 0)
value        32
```

[plus]
+ abc 15 [not number --> 0]

```
expression   (+ abc 15)
value        15
```

+ '(abc) 15

```
expression   (+ (' (abc)) 15)
value        15
```

+ 10 15

```
expression   (+ 10 15)
value        25
```

- 10 15 [non-negative minus]

```
expression   (- 10 15)
value        0
```

- 15 10

```
expression   (- 15 10)
```

```
value        5

* 10 15 [ times ]

expression  (* 10 15)
value        150

^ 10 15 [ power ]

expression  (^ 10 15)
value        1000000000000000

< 10 15 [ less than ]

expression  (< 10 15)
value        true

< 10 10

expression  (< 10 10)
value        false

> 15 10 [ greater than ]

expression  (> 15 10)
value        true

> 10 10

expression  (> 10 10)
value        false

<= 15 10 [ less than or equal ]

expression  (<= 15 10)
value        false

<= 10 10

expression  (<= 10 10)
value        true

>= 10 15 [ greater than or equal ]
```

```
expression   (>= 10 15)
value        false

>= 10 10

expression   (>= 10 10)
value        true

= 10 15 [ equal ]

expression   (= 10 15)
value        false

= 10 10

expression   (= 10 10)
value        true

[ here not number isn't considered zero ]
= abc 0

expression   (= abc 0)
value        false

= 0003 3 [ other ways numbers are funny ]

expression   (= 3 3)
value        true

000099 [ leading zeros removed ]

expression   99
value        99

[ and numbers are constants ]
let x b cons x cons x nil

expression   ((' (lambda (x) (cons x (cons x nil)))) b)
value        (b b)

let 99 45 cons 99 cons 99 nil
```

```
expression   ((' (lambda (99) (cons 99 (cons 99 nil)))) 45)
value        (99 99)

define 99 45

define       99
value        45

cons 99 cons 99 nil

expression   (cons 99 (cons 99 nil))
value        (99 99)

[ decimal<-->binary conversions ]

base10-to-2 255

expression   (base10-to-2 255)
value        (1 1 1 1 1 1 1 1)

base10-to-2 256

expression   (base10-to-2 256)
value        (1 0 0 0 0 0 0 0 0)

base10-to-2 257

expression   (base10-to-2 257)
value        (1 0 0 0 0 0 0 0 1)

base2-to-10 '(1 1 1 1)

expression   (base2-to-10 (' (1 1 1 1)))
value        15

base2-to-10 '(1 0 0 0 0)

expression   (base2-to-10 (' (1 0 0 0 0)))
value        16

base2-to-10 '(1 0 0 0 1)

expression   (base2-to-10 (' (1 0 0 0 1)))
```

```
value      17

[ illustrate eval & try ]

eval display '+ display 5 display 15

expression  (eval (display (' (+ (display 5) (display 15)))))
display     (+ (display 5) (display 15))
display     5
display     15
value       20

try 0 display '+ display 5 display 15 nil

expression  (try 0 (display (' (+ (display 5) (display 15))))
            nil)
display     (+ (display 5) (display 15))
value       (success 20 (5 15))

try 0 display '+ debug 5 debug 15 nil

expression  (try 0 (display (' (+ (debug 5) (debug 15)))) nil)
display     (+ (debug 5) (debug 15))
debug       5
debug       15
value       (success 20 ())

[ eval & try use initial variable bindings ]

cons x nil

expression  (cons x nil)
value       ((d e f))

eval 'cons x nil

expression  (eval (' (cons x nil)))
value       (x)

try 0 'cons x nil nil

expression  (try 0 (' (cons x nil)) nil)
value       (success (x) ())
```

```
define five! [ to illustrate time limits ]
let (f x) if = display x 0 1 * x (f - x 1)
    (f 5)

define     five!
value      ((' (lambda (f) (f 5))) (' (lambda (x) (if (= (display
  x) 0) 1 (* x (f (- x 1)))))))

eval five!

expression (eval five!)
display    5
display    4
display    3
display    2
display    1
display    0
value      120

[ by the way, numbers can be big: ]
let (f x) if = x 0 1 * x (f - x 1)
    (f 100) [ one hundred factorial! ]

expression ((' (lambda (f) (f 100))) (' (lambda (x) (if (= x
           0) 1 (* x (f (- x 1)))))))
value      9332621544394415268169923885626670049071596826438
           1621468592963895217599993229915608941463976156518
           2625369792082722375825118521091686400000000000000
           000000000

[ time limit is nesting depth of re-evaluations
  due to function calls & eval & try ]

try 0 five! nil

expression (try 0 five! nil)
value      (failure out-of-time ())

try 1 five! nil

expression (try 1 five! nil)
value      (failure out-of-time ())
```

try 2 five! nil

expression (try 2 five! nil)
value   (failure out-of-time (5))

try 3 five! nil

expression (try 3 five! nil)
value   (failure out-of-time (5 4))

try 4 five! nil

expression (try 4 five! nil)
value   (failure out-of-time (5 4 3))

try 5 five! nil

expression (try 5 five! nil)
value   (failure out-of-time (5 4 3 2))

try 6 five! nil

expression (try 6 five! nil)
value   (failure out-of-time (5 4 3 2 1))

try 7 five! nil

expression (try 7 five! nil)
value   (success 120 (5 4 3 2 1 0))

try no-time-limit five! nil

expression (try no-time-limit five! nil)
value   (success 120 (5 4 3 2 1 0))

define two* [to illustrate running out of data]
  let (f x) if = 0 x nil
          cons * 2 display read-bit (f - x 1)
      (f 5)

define   two*
value   ((' (lambda (f) (f 5))) (' (lambda (x) (if (= 0 x)

```
          nil (cons (* 2 (display (read-bit))) (f (- x 1)))
          ))))

try 6 two* '(1 0 1 0 1)

expression  (try 6 two* (' (1 0 1 0 1)))
value       (failure out-of-time (1 0 1 0 1))

try 7 two* '(1 0 1 0 1)

expression  (try 7 two* (' (1 0 1 0 1)))
value       (success (2 0 2 0 2) (1 0 1 0 1))

try 7 two* '(1 0 1)

expression  (try 7 two* (' (1 0 1)))
value       (failure out-of-data (1 0 1))

try no-time-limit two* '(1 0 1)

expression  (try no-time-limit two* (' (1 0 1)))
value       (failure out-of-data (1 0 1))

try 18
'let (f x) if = 0 x nil
         cons * 2 display read-bit (f - x 1)
     (f 16)
bits 'a

expression  (try 18 (' ((' (lambda (f) (f 16))) (' (lambda (x)
            (if (= 0 x) nil (cons (* 2 (display (read-bit)))
            (f (- x 1))))))))) (bits (' a)))
value       (success (0 2 2 0 0 0 0 2 0 0 0 0 2 0 2 0) (0 1 1
            0 0 0 0 1 0 0 0 0 1 0 1 0))

[ illustrate nested try's ]
[ most constraining limit wins ]

try 20
'cons abcdef try 10
'let (f n) (f display + n 1) (f 0) [infinite loop]
nil nil
```

```
expression    (try 20 (' (cons abcdef (try 10 (' ((' (lambda (f)
              (f 0))) (' (lambda (n) (f (display (+ n 1))))))))
              nil))) nil)
value         (success (abcdef failure out-of-time (1 2 3 4 5 6
              7 8 9)) ())
```

```
try 10
'cons abcdef try 20
'let (f n) (f display + n 1) (f 0) [infinite loop]
nil nil
```

```
expression    (try 10 (' (cons abcdef (try 20 (' ((' (lambda (f)
              (f 0))) (' (lambda (n) (f (display (+ n 1))))))))
              nil))) nil)
value         (failure out-of-time ())
```

```
try 10
'cons abcdef try 20
'let (f n) (f debug + n 1) (f 0) [infinite loop]
nil nil
```

```
expression    (try 10 (' (cons abcdef (try 20 (' ((' (lambda (f)
              (f 0))) (' (lambda (n) (f (debug (+ n 1))))))))) ni
              l))) nil)
debug         1
debug         2
debug         3
debug         4
debug         5
debug         6
debug         7
debug         8
value         (failure out-of-time ())
```

```
try no-time-limit
'cons abcdef try 20
'let (f n) (f display + n 1) (f 0) [infinite loop]
nil nil
```

```
expression    (try no-time-limit (' (cons abcdef (try 20 (' (('
              (lambda (f) (f 0))) (' (lambda (n) (f (display (+
              n 1)))))))) nil))) nil)
value         (success (abcdef failure out-of-time (1 2 3 4 5 6
```

```
        7 8 9 10 11 12 13 14 15 16 17 18 19)) ())

try 10
'cons abcdef try no-time-limit
'let (f n) (f display + n 1) (f 0) [infinite loop]
nil nil

expression  (try 10 (' (cons abcdef (try no-time-limit (' (('
            (lambda (f) (f 0))) (' (lambda (n) (f (display (+
            n 1))))))) nil)) nil)
value       (failure out-of-time ())

[ illustrate read-bit & read-exp ]

read-bit

expression  (read-bit)
value       out-of-data

read-exp

expression  (read-exp)
value       out-of-data

try 0 'read-bit nil

expression  (try 0 (' (read-bit)) nil)
value       (failure out-of-data ())

try 0 'read-exp nil

expression  (try 0 (' (read-exp)) nil)
value       (failure out-of-data ())

try 0 'read-exp bits 'abc

expression  (try 0 (' (read-exp)) (bits (' abc)))
value       (success abc ())

try 0 'read-exp bits '(abc def)

expression  (try 0 (' (read-exp)) (bits (' (abc def))))
value       (success (abc def) ())
```

try 0 'read-exp bits '(abc(def ghi)jkl)

expression   (try 0 (' (read-exp)) (bits (' (abc (def ghi) jkl)
              )))
value   (success (abc (def ghi) jkl) ())

try 0 'cons read-exp cons read-bit nil bits 'abc

expression   (try 0 (' (cons (read-exp) (cons (read-bit) nil)))
              (bits (' abc)))
value   (failure out-of-data ())

try 0 'cons read-exp cons read-bit nil append bits 'abc '(0)

expression   (try 0 (' (cons (read-exp) (cons (read-bit) nil)))
              (append (bits (' abc)) (' (0))))
value   (success (abc 0) ())

try 0 'cons read-exp cons read-bit nil append bits 'abc '(1)

expression   (try 0 (' (cons (read-exp) (cons (read-bit) nil)))
              (append (bits (' abc)) (' (1))))
value   (success (abc 1) ())

try 0 'read-exp bits '(a b c)

expression   (try 0 (' (read-exp)) (bits (' (a b c))))
value   (success (a b c) ())

try 0 'cons read-exp cons read-exp nil bits '(a b c)

expression   (try 0 (' (cons (read-exp) (cons (read-exp) nil)))
              (bits (' (a b c))))
value   (failure out-of-data ())

try 0 'cons read-exp cons read-exp nil
     append bits '(a b c) bits '(d e f)

expression   (try 0 (' (cons (read-exp) (cons (read-exp) nil)))
              (append (bits (' (a b c))) (bits (' (d e f)))))
value   (success ((a b c) (d e f)) ())

```
bits 'a [ to get characters codes ]

expression  (bits (' a))
value       (0 1 1 0 0 0 0 1 0 0 0 0 1 0 1 0)

try 0 'read-exp '(0 1 1 0  0 0 0 1) ['a' but no \n character]

expression  (try 0 (' (read-exp)) (' (0 1 1 0 0 0 0 1)))
value       (failure out-of-data ())

try 0 'read-exp '(0 1 1 0  0 0 0 1  0 0 0 0  1 0 1)[0 missing]

expression  (try 0 (' (read-exp)) (' (0 1 1 0 0 0 0 1 0 0 0 0
            1 0 1)))
value       (failure out-of-data ())

try 0 'read-exp '(0 1 1 0  0 0 0 1  0 0 0 0  1 0 1 0) [okay]

expression  (try 0 (' (read-exp)) (' (0 1 1 0 0 0 0 1 0 0 0 0
            1 0 1 0)))
value       (success a ())

[ if we get to \n reading 8 bits at a time,
  we will always interpret as a valid S-expression ]
try 0 'read-exp
    '(0 0 0 0 1 0 1 0) [nothing in record; only \n]

expression  (try 0 (' (read-exp)) (' (0 0 0 0 1 0 1 0)))
value       (success () ())

try 0 'read-exp '(1 1 1 1  1 1 1 1  [unprintable character]
                 0 0 0 0  1 0 1 0) [is deleted]

expression  (try 0 (' (read-exp)) (' (1 1 1 1 1 1 1 1 0 0 0 0
            1 0 1 0)))
value       (success () ())

bits () [ to get characters codes ]

expression  (bits ())
value       (0 0 1 0 1 0 0 0 0 0 1 0 1 0 0 1 0 0 0 0 1 0 1 0)

[ three left parentheses==>three right parentheses supplied ]
```

```
try 0 'read-exp '(0 0 1 0  1 0 0 0  0 0 1 0  1 0 0 0
                 0 0 1 0  1 0 0 0  0 0 0 0  1 0 1 0)

expression  (try 0 (' (read-exp)) (' (0 0 1 0 1 0 0 0 0 0 1 0
            1 0 0 0 0 0 1 0 1 0 0 0 0 0 0 0 1 0 1 0)))
value       (success (((()))) ())
```

[right parenthesis 'a'==>left parenthesis supplied]
```
try 0 'read-exp '(0 0 1 0  1 0 0 1  0 1 1 0  0 0 0 1
                 0 0 0 0  1 0 1 0) [ & extra 'a' ignored ]

expression  (try 0 (' (read-exp)) (' (0 0 1 0 1 0 0 1 0 1 1 0
            0 0 0 1 0 0 0 0 1 0 1 0)))
value       (success () ())
```

['a' right parenthesis==>'a' is seen & parenthesis]
```
try 0 'read-exp '(0 1 1 0  0 0 0 1  0 0 1 0  1 0 0 1
                 0 0 0 0  1 0 1 0) [ is ignored ]

expression  (try 0 (' (read-exp)) (' (0 1 1 0 0 0 0 1 0 0 1 0
            1 0 0 1 0 0 0 0 1 0 1 0)))
value       (success a ())
```

End of LISP Run

Elapsed time is 16 seconds.

godel.r

LISP Interpreter Run

[[[
    Show that a formal system of lisp complexity
    H_lisp (FAS) = N cannot enable us to exhibit
    an elegant S-expression of size greater than N + 410.
    An elegant lisp expression is one with the property
    that no smaller S-expression has the same value.
    Setting: formal axiomatic system is never-ending
    lisp expression that displays elegant S-expressions.
]]]

[Here is the key expression.]

```
define expression

let (examine x)
   if atom x  false
   if < n size car x  car x
   (examine cdr x)

let fas 'display ^ 10 430 [insert FAS here preceeded by ']

let n + 410 size fas

let t 0

let (loop)
  let v try t fas nil
  let s (examine caddr v)
  if s eval s
  if = success car v failure
  let t + t 1
  (loop)

(loop)
```

```
define      expression
value       ((' (lambda (examine) ((' (lambda (fas) ((' (lambd
            a (n) ((' (lambda (t) ((' (lambda (loop) (loop)))
            (' (lambda () ((' (lambda (v) ((' (lambda (s) (if
            s (eval s) (if (= success (car v)) failure ((' (la
            mbda (t) (loop))) (+ t 1)))))) (examine (car (cdr
            (cdr v))))))) (try t fas nil)))))))) 0))) (+ 410 (s
            ize fas))))) (' (display (^ 10 430)))))) (' (lambd
            a (x) (if (atom x) false (if (< n (size (car x)))
            (car x) (examine (cdr x)))))))
```

```
[Size expression.]
size expression
```

```
expression  (size expression)
value       430
```

```
[Run expression & show that it knows its own size
 and can find something bigger than it is.]
eval expression
```

```
expression  (eval expression)
value       1000000000000000000000000000000000000000000000000000
            0000000000000000000000000000000000000000000000000000
            0000000000000000000000000000000000000000000000000000
            0000000000000000000000000000000000000000000000000000
            0000000000000000000000000000000000000000000000000000
            0000000000000000000000000000000000000000000000000000
            0000000000000000000000000000000000000000000000000000
            0000000000000000000000000000000000000000000000000000
            00000000000000000000000000000000000
```

[Here it fails to find anything bigger than it is.]

```
let (examine x)
    if atom x  false
    if < n size car x   car x
    (examine cdr x)

let fas 'display ^ 10 429 [insert FAS here preceeded by ']

let n + 410 size fas

let t 0

let (loop)
    let v try t fas nil
    let s (examine caddr v)
    if s eval s
    if = success car v failure
    let t + t 1
    (loop)

(loop)
```

```
expression  ((' (lambda (examine) ((' (lambda (fas) ((' (lambd
            a (n) ((' (lambda (t) ((' (lambda (loop) (loop)))
            (' (lambda () ((' (lambda (v) ((' (lambda (s) (if
            s (eval s) (if (= success (car v)) failure ((' (la
            mbda (t) (loop)) (+ t 1)))))) (examine (car (cdr
            (cdr v)))))))) (try t fas nil))))))) 0))) (+ 410 (s
            ize fas))))) (' (display (^ 10 429)))))) (' (lambd
            a (x) (if (atom x) false (if (< n (size (car x)))
```

```
                (car x) (examine (cdr x)))))))
value       failure
```

End of LISP Run

Elapsed time is 2 seconds.

utm.r

LISP Interpreter Run

```
[[[
First steps with my new construction for
a self-delimiting universal Turing machine.
We show that
   H(x,y) <= H(x) + H(y) + c
and determine c.
Consider a bit string x of length |x|.
We also show that
   H(x) <= 2|x| + c
and that
   H(x) <= |x| + H(the binary string for |x|) + c
and determine both these c's.
]]]
```

```
[
Here is the self-delimiting universal Turing machine!
]
define (U p) cadr try no-time-limit 'eval read-exp p
```

```
define      U
value       (lambda (p) (car (cdr (try no-time-limit (' (eval
            (read-exp))) p))))
```

```
(U bits 'cons x cons y cons z nil)
```

```
expression  (U (bits (' (cons x (cons y (cons z nil)))))))
value       (x y z)
```

```
(U append bits 'cons a debug read-exp
        bits '(b c d)
)
```

```
expression   (U (append (bits (' (cons a (debug (read-exp)))))
             (bits (' (b c d)))))
debug        (b c d)
value        (a b c d)
```

[
The length of alpha in bits is the
constant c in H(x) <= 2|x| + 2 + c.
]
```
define alpha
let (loop) let x read-bit
           let y read-bit
           if = x y
              cons x (loop)
              nil
(loop)

define      alpha
value       ((' (lambda (loop) (loop))) (' (lambda () ((' (lam
            bda (x) ((' (lambda (y) (if (= x y) (cons x (loop)
            ) nil))) (read-bit)))) (read-bit)))))

length bits alpha

expression   (length (bits alpha))
value        1104

(U
 append
   bits alpha
   '(0 0 1 1 0 0 1 1 0 1)
)

expression   (U (append (bits alpha) (' (0 0 1 1 0 0 1 1 0 1)))
             )
value        (0 1 0 1)

(U
 append
   bits alpha
   '(0 0 1 1 0 0 1 1 0 0)
)
```

expression (U (append (bits alpha) (' (0 0 1 1 0 0 1 1 0 0)))
)
value   out-of-data

[
The length of beta in bits is the
constant c in H(x,y) <= H(x) + H(y) + c.
]
define beta
cons eval read-exp
cons eval read-exp
     nil

define   beta
value   (cons (eval (read-exp)) (cons (eval (read-exp)) ni
            l))

length bits beta

expression (length (bits beta))
value   432

(U
 append
   bits beta
 append
   bits 'cons a cons b cons c nil
   bits 'cons x cons y cons z nil
)

expression (U (append (bits beta) (append (bits (' (cons a (c
            ons b (cons c nil))))) (bits (' (cons x (cons y (c
            ons z nil)))))))))
value   ((a b c) (x y z))

(U
 append
   bits beta
 append
   append bits alpha '(0 0 1 1 0 0 1 1 0 1)
   append bits alpha '(1 1 0 0 1 1 0 0 1 0)
)

```
expression   (U (append (bits beta) (append (append (bits alpha
             ) (' (0 0 1 1 0 0 1 1 0 1))) (append (bits alpha)
             (' (1 1 0 0 1 1 0 0 1 0))))))
value        ((0 1 0 1) (1 0 1 0))
```

```
[
The length of gamma in bits is the
constant c in H(x) <= |x| + H(|x|) + c
]
define gamma
let (loop k)
   if = 0 k nil
   cons read-bit (loop - k 1)
(loop base2-to-10 eval read-exp)
```

```
define      gamma
value       ((' (lambda (loop) (loop (base2-to-10 (eval (read-
            exp)))))) (' (lambda (k) (if (= 0 k) nil (cons (re
            ad-bit) (loop (- k 1)))))))
```

```
length bits gamma
```

```
expression   (length (bits gamma))
value        1024
```

```
(U
 append
   bits gamma
 append
   [Arbitrary program for U to compute number of bits]
   bits' '(1 0 0 0)
   [That many bits of data]
   '(0 0 0 0  0 0 0 1)
)
```

```
expression   (U (append (bits gamma) (append (bits (' (' (1 0 0
             0)))) (' (0 0 0 0 0 0 0 1)))))
value        (0 0 0 0 0 0 0 1)
```

```
End of LISP Run
```

```
Elapsed time is 19 seconds.
```

godel2.r

LISP Interpreter Run

```
[[[
Show that a formal system of complexity N
can't prove that a specific object has
complexity > N + 4872.
Formal system is a never halting lisp expression
that output pairs (lisp object, lower bound
on its complexity).  E.g., (x 4) means
that x has complexity H(x) greater than or equal to 4.
]]]
```

[Here is the prefix.]

```
define pi

let (examine pairs)
    if atom pairs false
    if < n cadr car pairs
        car pairs
        (examine cdr pairs)

let t 0

let fas nil

let (loop)
  let v try t 'eval read-exp fas
  let n + 4872 length fas
  let p (examine caddr v)
  if p car p
  if = car v success failure
  if = cadr v out-of-data
    let fas append fas cons read-bit nil
    (loop)
  if = cadr v out-of-time
    let t + t 1
    (loop)
  unexpected-condition

(loop)
```

```
define    pi
value     ((' (lambda (examine) ((' (lambda (t) ((' (lambda
          (fas) ((' (lambda (loop) (loop))) (' (lambda () ((
          ' (lambda (v) ((' (lambda (n) ((' (lambda (p) (if
          p (car p) (if (= (car v) success) failure (if (= (
          car (cdr v)) out-of-data) ((' (lambda (fas) (loop)
          )) (append fas (cons (read-bit) nil))) (if (= (car
          (cdr v)) out-of-time) ((' (lambda (t) (loop))) (+
          t 1)) unexpected-condition)))))) (examine (car (c
          dr (cdr v)))))))) (+ 4872 (length fas))))) (try t (
          ' (eval (read-exp))) fas))))))) nil))) 0))) (' (la
          mbda (pairs) (if (atom pairs) false (if (< n (car
          (cdr (car pairs)))) (car pairs) (examine (cdr pair
          s)))))))
```

[Size pi.]
length bits pi

expression (length (bits pi))
value   4872

[Size pi + fas.]
length
append bits pi
       bits 'display '(xyz 9999)

expression (length (append (bits pi) (bits (' (display (' (xy
            z 9999)))))))
value   5072

[Here pi finds something suitable.]

cadr try no-time-limit 'eval read-exp
append bits pi
       bits 'display '(xyz 5073)

expression (car (cdr (try no-time-limit (' (eval (read-exp)))
            (append (bits pi) (bits (' (display (' (xyz 5073)
            ))))))))
value   xyz

[Here pi doesn't find anything suitable.]

```
cadr try no-time-limit 'eval read-exp
append bits pi
     bits 'display '(xyz 5072)

expression  (car (cdr (try no-time-limit (' (eval (read-exp)))
            (append (bits pi) (bits (' (display (' (xyz 5072)
            ))))))))
value       failure

End of LISP Run

Elapsed time is 153 seconds.
```

omega.r

```
LISP Interpreter Run

[[[[ Omega in the limit from below! ]]]]

define (all-bit-strings-of-size k)
   if = 0 k '(())
   (extend-by-one-bit (all-bit-strings-of-size - k 1))

define     all-bit-strings-of-size
value      (lambda (k) (if (= 0 k) (' (())) (extend-by-one-bi
           t (all-bit-strings-of-size (- k 1)))))

define (extend-by-one-bit x)
   if atom x nil
   cons append car x '(0)
   cons append car x '(1)
   (extend-by-one-bit cdr x)

define     extend-by-one-bit
value      (lambda (x) (if (atom x) nil (cons (append (car x)
           (' (0))) (cons (append (car x) (' (1))) (extend-b
           y-one-bit (cdr x))))))

define (count-halt p)
   if atom p 0
   +
   if = success car try t 'eval read-exp car p
```

```
      1 0
    (count-halt cdr p)
```

```
define      count-halt
value       (lambda (p) (if (atom p) 0 (+ (if (= success (car
            (try t (' (eval (read-exp))) (car p)))) 1 0) (coun
            t-halt (cdr p)))))
```

```
define (omega t) cons (count-halt (all-bit-strings-of-size t))
                  cons /
                  cons ^ 2 t
                      nil
```

```
define      omega
value       (lambda (t) (cons (count-halt (all-bit-strings-of-
            size t)) (cons / (cons (^ 2 t) nil))))
```

```
(omega 0)
```

```
expression  (omega 0)
value       (0 / 1)
```

```
(omega 1)
```

```
expression  (omega 1)
value       (0 / 2)
```

```
(omega 2)
```

```
expression  (omega 2)
value       (0 / 4)
```

```
(omega 3)
```

```
expression  (omega 3)
value       (0 / 8)
```

```
(omega 8)
```

```
expression  (omega 8)
value       (1 / 256)
```

```
End of LISP Run
```

Elapsed time is 38 seconds.

omega2.r

LISP Interpreter Run

[[[[Omega in the limit from below!]]]]

```
define (count-halt prefix bits-left-to-extend)
    if = bits-left-to-extend 0
    if = success car try t 'eval read-exp prefix
       1 0
    + (count-halt append prefix '(0) - bits-left-to-extend 1)
      (count-halt append prefix '(1) - bits-left-to-extend 1)
```

```
define      count-halt
value       (lambda (prefix bits-left-to-extend) (if (= bits-l
            eft-to-extend 0) (if (= success (car (try t (' (ev
            al (read-exp))) prefix))) 1 0) (+ (count-halt (app
            end prefix (' (0))) (- bits-left-to-extend 1)) (co
            unt-halt (append prefix (' (1))) (- bits-left-to-e
            xtend 1)))))
```

```
define (omega t) cons (count-halt nil t)
                 cons /
                 cons ^ 2 t
                      nil
```

```
define      omega
value       (lambda (t) (cons (count-halt nil t) (cons / (cons (^ 2 t) nil))))
```

(omega 0)

```
expression  (omega 0)
value       (0 / 1)
```

(omega 1)

```
expression  (omega 1)
value       (0 / 2)
```

(omega 2)

expression   (omega 2)
value   (0 / 4)

(omega 3)

expression   (omega 3)
value   (0 / 8)

(omega 8)

expression   (omega 8)
value   (1 / 256)

End of LISP Run

Elapsed time is 33 seconds.

omega3.r

LISP Interpreter Run

```
[[[
  Show that
    H(Omega_n) > n - 8000.
  Omega_n is the first n bits of Omega,
  where we choose
    Omega = xxx0111111...
  instead of
    Omega = xxx1000000...
  if necessary.
]]]

[Here is the prefix.]

define pi

let (count-halt prefix bits-left-to-extend)
    if = bits-left-to-extend 0
    if = success car try t 'eval read-exp prefix
      1 0
    + (count-halt append prefix '(0) - bits-left-to-extend 1)
      (count-halt append prefix '(1) - bits-left-to-extend 1)
```

```
let (omega t) cons (count-halt nil t)
             cons /
             cons ^ 2 t
                 nil

let w eval read-exp

let n length w

let w cons base2-to-10 w
      cons /
      cons ^ 2 n
          nil

let (loop t)
  if (<=rat w (omega t))
     (big nil n)
     (loop + t 1)

let (<=rat x y)
    <= * car x caddr y * caddr x car y

let (big prefix bits-left-to-add)
 if = 0 bits-left-to-add
 cons cadr try t 'eval read-exp prefix
      nil
 append (big append prefix '(0) - bits-left-to-add 1)
        (big append prefix '(1) - bits-left-to-add 1)

(loop 0)

define    pi
value     ((' (lambda (count-halt) ((' (lambda (omega) ((' (
          lambda (w) ((' (lambda (n) ((' (lambda (w) ((' (la
          mbda (loop) ((' (lambda (<=rat) ((' (lambda (big)
          (loop 0))) (' (lambda (prefix bits-left-to-add) (i
          f (= 0 bits-left-to-add) (cons (car (cdr (try t ('
           (eval (read-exp))) prefix))) nil) (append (big (a
          ppend prefix (' (0))) (- bits-left-to-add 1)) (big
           (append prefix (' (1))) (- bits-left-to-add 1))))
          )))))) (' (lambda (x y) (<= (* (car x) (car (cdr (c
          dr y)))) (* (car (cdr (cdr x))) (car y))))))))) ('
```

```
(lambda (t) (if (<=rat w (omega t)) (big nil n) (l
oop (+ t 1)))))))) (cons (base2-to-10 w) (cons / (
cons (^ 2 n) nil)))))) (length w)))) (eval (read-e
xp))))) (' (lambda (t) (cons (count-halt nil t) (c
ons / (cons (^ 2 t) nil)))))))) (' (lambda (prefix
bits-left-to-extend) (if (= bits-left-to-extend 0
) (if (= success (car (try t (' (eval (read-exp)))
prefix))) 1 0) (+ (count-halt (append prefix (' (
0))) (- bits-left-to-extend 1)) (count-halt (appen
d prefix (' (1))) (- bits-left-to-extend 1)))))))))
```

[Run pi.]
cadr try no-time-limit 'eval read-exp
append bits pi
      bits '
    [Program to compute first n = 8 bits of Omega]
        '(0 0 0 0 0 0 0 1)

expression (car (cdr (try no-time-limit (' (eval (read-exp)))
            (append (bits pi) (bits (' (' (0 0 0 0 0 0 0 1)))
            )))))
value   (out-of-data out-of-data out-of-data out-of-data o
            ut-of-data out-of-data out-of-data out-of-data out
            -of-data out-of-data () out-of-data out-of-data ou
            t-of-data out-of-data out-of-data out-of-data out-
            of-data out-of-data out-of-data out-of-data out-of
            -data out-of-data out-of-data out-of-data out-of-d
            ata out-of-data out-of-data out-of-data out-of-dat
            a out-of-data out-of-data out-of-data out-of-data
            out-of-data out-of-data out-of-data out-of-data ou
            t-of-data out-of-data out-of-data out-of-data out-
            of-data out-of-data out-of-data out-of-data out-of
            -data out-of-data out-of-data out-of-data out-of-d
            ata out-of-data out-of-data out-of-data out-of-dat
            a out-of-data out-of-data out-of-data out-of-data
            out-of-data out-of-data out-of-data out-of-data ou
            t-of-data out-of-data out-of-data out-of-data out-
            of-data out-of-data out-of-data out-of-data out-of
            -data out-of-data out-of-data out-of-data out-of-d
            ata out-of-data out-of-data out-of-data out-of-dat
            a out-of-data out-of-data out-of-data out-of-data
            out-of-data out-of-data out-of-data out-of-data ou
            t-of-data out-of-data out-of-data out-of-data out-
```
```

of-data out-of-data out-of-data out-of-data out-of
-data out-of-data out-of-data out-of-data out-of-d
ata out-of-data out-of-data out-of-data out-of-dat
a out-of-data out-of-data out-of-data out-of-data
out-of-data out-of-data out-of-data out-of-data ou
t-of-data out-of-data out-of-data out-of-data out-
of-data out-of-data out-of-data out-of-data out-of
-data out-of-data out-of-data out-of-data out-of-d
ata out-of-data out-of-data out-of-data out-of-dat
a out-of-data out-of-data out-of-data out-of-data
out-of-data out-of-data out-of-data out-of-data ou
t-of-data out-of-data out-of-data out-of-data out-
of-data out-of-data out-of-data out-of-data out-of
-data out-of-data out-of-data out-of-data out-of-d
ata out-of-data out-of-data out-of-data out-of-dat
a out-of-data out-of-data out-of-data out-of-data
out-of-data out-of-data out-of-data out-of-data ou
t-of-data out-of-data out-of-data out-of-data out-
of-data out-of-data out-of-data out-of-data out-of
-data out-of-data out-of-data out-of-data out-of-d
ata out-of-data out-of-data out-of-data out-of-dat
a out-of-data out-of-data out-of-data out-of-data
out-of-data out-of-data out-of-data out-of-data ou
t-of-data out-of-data out-of-data out-of-data out-
of-data out-of-data out-of-data out-of-data out-of
-data out-of-data out-of-data out-of-data out-of-d
ata out-of-data out-of-data out-of-data out-of-dat
a out-of-data out-of-data out-of-data out-of-data
out-of-data out-of-data out-of-data out-of-data ou
t-of-data out-of-data out-of-data out-of-data out-
of-data out-of-data out-of-data out-of-data out-of
-data out-of-data out-of-data out-of-data out-of-d
ata out-of-data out-of-data out-of-data out-of-dat
a out-of-data)

[Size pi.]
length bits pi

```
expression   (length (bits pi))
value        8000
```

End of LISP Run

Elapsed time is 148 seconds.

godel3.r

LISP Interpreter Run

```
[[[
Show that a formal system of complexity N
can't determine more than N + 8000 + 7328
= N + 15328 bits of Omega.
Formal system is a never halting lisp expression
that outputs lists of the form (1 0 X 0 X X X X 1 0).
This stands for the fractional part of Omega,
and means that these 0,1 bits of Omega are known.
X stands for an unknown bit.
]]]
```

[Here is the prefix.]

define pi

```
let (number-of-bits-determined w)
    if atom w 0
    + (number-of-bits-determined cdr w)
      if = X car w
        0
        1

let (supply-missing-bits w)
    if atom w nil
    cons if = X car w
            read-bit
            car w
         (supply-missing-bits cdr w)

let (examine w)
    if atom w false
```

```
[if < n (number-of-bits-determined car w)]
[   Change n to 1 here so will succeed.  ]
 if < 1 (number-of-bits-determined car w)
    car w
    (examine cdr w)

let t 0

let fas nil

let (loop)
  let v try t 'eval read-exp fas
  let n + 8000 + 7328 length fas
  let w (examine caddr v)
  if w (supply-missing-bits w)
  if = car v success failure
  if = cadr v out-of-data
     let fas append fas cons read-bit nil
     (loop)
  if = cadr v out-of-time
     let t + t 1
     (loop)
  unexpected-condition

(loop)

define    pi
value     ((' (lambda (number-of-bits-determined) ((' (lambd
          a (supply-missing-bits) ((' (lambda (examine) ((' 
          (lambda (t) ((' (lambda (fas) ((' (lambda (loop) (
          loop))) (' (lambda () ((' (lambda (v) ((' (lambda
          (n) ((' (lambda (w) (if w (supply-missing-bits w)
          (if (= (car v) success) failure (if (= (car (cdr v
          )) out-of-data) ((' (lambda (fas) (loop))) (append
           fas (cons (read-bit) nil)))) (if (= (car (cdr v))
          out-of-time) ((' (lambda (t) (loop))) (+ t 1)) une
          xpected-condition)))))) (examine (car (cdr (cdr v
          )))))))) (+ 8000 (+ 7328 (length fas)))))))) (try t ('
           (eval (read-exp))) fas))))))) nil))) 0))) (' (lam
          bda (w) (if (atom w) false (if (< 1 (number-of-bit
          s-determined (car w))) (car w) (examine (cdr w))))) 
          ))))) (' (lambda (w) (if (atom w) nil (cons (if (=
          X (car w)) (read-bit) (car w)) (supply-missing-bi
```

```
ts (cdr w))))))))) (' (lambda (w) (if (atom w) 0 (
+ (number-of-bits-determined (cdr w)) (if (= X (ca
r w)) 0 1))))))
```

[Size pi.]
length bits pi

expression (length (bits pi))
value   7328

[Run pi.]

cadr try no-time-limit 'eval read-exp
append bits pi
append [Toy formal system with only one theorem.]
     bits 'display '(1 X 0)
     [Missing bit of omega that is needed.]
     '(1)

expression (car (cdr (try no-time-limit (' (eval (read-exp)))
            (append (bits pi) (append (bits (' (display (' (1
            X 0))))) (' (1)))))))
value   (1 1 0)

End of LISP Run

Elapsed time is 94 seconds.

Mathematica による LISP インタープリタ

```
(***** lisp.m: LISP interpreter *****)

(***** INSTRUCTIONS FOR USING THIS LISP INTERPRETER *****
To run the lisp.m interpreter, first enter Mathematica
using the command math.  To load the interpreter, enter
           << lisp.m
To run a LISP program xyz.l and produce xyz.r, enter
           run @ "xyz"
To run several programs, enter
           run /@ {"xxx","yyy","zzz"}
To run the eight LISP programs in the course, enter
           runall
Type Exit to exit from Mathematica.

Here is how to run the programs that compute the halting
probability Omega in the limit from below:
           math
           << lisp.m
           run /@ {"omega","omega2"}
           run @ "omega3"
           Exit

Reference: Wolfram, Mathematica, 2nd Ed., Addison-Wesley, 1991.
*****)

getbit[] :=
Block[ {x},
 trouble = False; (* Mma bug bypass *)
 If[ atom@ tape, (trouble = True; Throw@ "out-of-data")];
 x = car@ tape;
 tape = cdr@ tape;
 If[ x === 0, 0, 1 ]
]
```

```
getchar[] := FromCharacterCode[
  128*getbit[] + 64*getbit[] + 32*getbit[] + 16*getbit[] +
  8*getbit[] + 4*getbit[] + 2*getbit[] + getbit[]
]


getrecord[] :=
Block[ { c, line = "", str },
 inputbuffer2 = {};
 While[ "\n" =!= (c = getchar[]),
 line = line <> c ];
 If[ trouble, Throw@ "out-of-data"]; (* Mma bug bypass *)
(* keep only printable ASCII codes *)
 line = FromCharacterCode@
 Cases[ ToCharacterCode@ line, n_Integer /; 32 <= n < 127 ];
 str = StringToStream@ line;
 inputbuffer2 = ReadList[str, Word, TokenWords->{"(", ")"}];
 Close@ str;
(* convert strings of digits to integers *)
 inputbuffer2 = If[DigitQ@#, ToExpression@#, #]& /@ inputbuffer2 ;
]


getexp[rparenokay_:False] :=
Block[ { w, d, l = {} },
(* supply unlimited number of )'s if tokens run out *)
 If[ inputbuffer2 == {}, w = ")",
 w = First@ inputbuffer2;
 inputbuffer2 = Rest@ inputbuffer2 ];
 Switch[
 w,
 ")", Return@ If[rparenokay,")",{}],
 "(",
(While[ ")" =!= (d = getexp[True]),
 AppendTo[l,d]
 ];
 Return@ l
),
 _, w
 ]
]


atom[x_] :=
 MatchQ[ x, {}|_String|_Integer ]
car[x_] :=
```

```
    If[ atom@ x, x, First@ x ]
cdr[x_] :=
    If[ atom@ x, x, Rest@ x ]
cons[x_,y_] :=
    If[ MatchQ[y,_String|_Integer], x, Prepend[y,x] ]

eval[e2_,a_,d2_] :=

Block[ {e = e2, d = d2, f, args, x, y, z},
    If[ MatchQ[e,_Integer], Return@ e ];
    If[ atom@ e, Block[ {names,values,pos},
      {names,values} = a;
      pos = Position[names,e,{1}];
      Return@ If[ pos == {}, e, values[[pos[[1,1]]]] ] ]
    ]];
    f = eval[car@ e,a,d];
    e = cdr@ e;
    Switch[
    f,
    "'", Return@ car@ e,
    "if", Return@
    If[
    eval[car@ e,a,d] =!= "false",
    eval[car@cdr@ e,a,d],
    eval[car@cdr@cdr@ e,a,d]
    ]
    ];
    args = eval[#,a,d]& /@ e;
    x = car@ args;
    y = car@cdr@ args;
    z = car@cdr@cdr@ args;
    Switch[
    f,
    "read-bit", Return@ getbit[],
    "read-exp", Return@ (getrecord[]; getexp[]),
    "bits", Return@ Flatten[ ( Rest@ IntegerDigits[256 + #, 2] )& /@
                           ToCharacterCode[ output@x <> "\n" ] ],
    "car", Return@ car@ x,
    "cdr", Return@ cdr@ x,
    "cons", Return@ cons[x,y],
    "size", Return@ StringLength@ output@ x,
    "length", Return@ Length@ x,
    "+", Return@ (nmb@x + nmb@y),
```

```
"-", Return@ If[ nmb@x < nmb@y, 0, nmb@x - nmb@y ],
"*", Return@ (nmb@x * nmb@y),
"^", Return@ (nmb@x ^ nmb@y),
"<", Return@ If[nmb@x < nmb@y, "true", "false"],
">", Return@ If[nmb@x > nmb@y, "true", "false"],
">=", Return@ If[nmb@x >= nmb@y, "true", "false"],
"<=", Return@ If[nmb@x <= nmb@y, "true", "false"],
"base10-to-2", Return@ IntegerDigits[nmb@x, 2],
"base2-to-10", Return@ Fold[ (2 #1 + If[#2===0,0,1])&, 0, x ],
"append", Return@ Join[ If[atom@x,{},x], If[atom@y,{},y] ],
"atom", Return@ If[ atom@ x, "true", "false" ],
"=", Return@ If[ x === y, "true", "false" ],
"display", Return@ (AppendTo[out,x];
                If[ display, print[ "display", output@ x ] ];
                x),
"debug", Return@ (print[ "debug", output@ x ];
                x)
];
If[ d == 0, Throw@ "out-of-time" ];
d--;
Switch[
f,
"eval", Return@ eval[x,,d],
"try", Return@
Block[ {out = {}, tape = z, display = False, xx},
If[ x === "no-time-limit", xx = Infinity, xx = nmb@ x ];
If[ xx < d,
Catch@ {"success",eval[y,,xx],out} //
If[ # === "out-of-time", {"failure",#,out}, # ] & ,
Catch@ {"success",eval[y,,d],out} //
If[ # === "out-of-time", Throw@ #, # ] &
] //
If[ # === "out-of-data", {"failure",#,out}, # ] & ] (* end block *)
]; (* end switch *)
f = cdr@ f;
eval[ car@cdr@ f, bind[car@ f,args,a], d ]
]

nmb[n_Integer] := n
nmb[_] := 0

bind[vars_?atom,args_,a_] :=
 a
```

```
bind[vars_,args_,a_] :=
Block[ {names,values,pos},
 {names,values} = bind[ cdr@ vars, cdr@ args, a ];
 pos = Position[names, car@ vars, {1}];
 {Prepend[Delete[names,pos], car@ vars],
  Prepend[Delete[values,pos], car@ args]}
]

eval[e_] :=
(
 out = tape = {};
 display = True;
 print[ "expression", output@ e ];
 Catch[ eval[ e, {names,defs}, Infinity ] ]
)

eval[e_,,d_] := eval[e,{{"nil"},{{}}},d]

run[fn_] := run[fn, "lisp.m", ".r"]

word2[]:=
Block[ {w,line,str},
While[
 inputbuffer == {},
 line = Read[i,Record];
 If[ line == EndOfFile, Abort[] ];
 Print@ line;
 WriteString[o,line,"\n"];
 (* keep only printable ASCII codes *)
 line = FromCharacterCode@
 Cases[ ToCharacterCode@ line, n_Integer /; 32 <= n < 127 ];
 str = StringToStream@ line;
 inputbuffer = ReadList[str, Word,
                        TokenWords->{"(", ")", "[", "]", "'", "\""}];
 Close@ str
];
w = First@ inputbuffer;
inputbuffer = Rest@ inputbuffer;
If[DigitQ@w, ToExpression@w, w]  (* convert string of digits to integer *)
]

word[] :=
```

```
Block[ {w},
While[ True,
 w = word2[];
 If[ w =!= "[", Return@ w ];
 While[ word[] =!= "]" ]
]
]

get[sexp_:False,rparenokay_:False] :=

Block[ {w = word[], d, l ={}, name, def, body, varlist},
 Switch[
 w,
 ")", Return@ If[rparenokay,")",{}],
 "(",
 While[ ")" =!= (d = get[sexp,True]),
 AppendTo[l,d]
 ];
 Return@ l
 ];
 If[ sexp, Return@ w ];
 Switch[
 w,
 "\"", get[True],
 "cadr",
 {"car",{"cdr",get[]}},
 "caddr",
 {"car",{"cdr",{"cdr",get[]}}},
 "let",
 {name,def,body} = {get[],get[],get[]};
 If[
 !MatchQ[name,{}|_String|_Integer],
 varlist = Rest@ name;
 name = First@ name;
 def = {"'",{"lambda",varlist,def}}
 ];
 {{"'",{"lambda",{name},body}},def},
 "read-bit"|"read-exp",
                 {w},
 "car"|"cdr"|"atom"|"'"|"display"|"eval"|"bits"|"debug"|
 "length"|"size"|"base2-to-10"|"base10-to-2",
                 {w,get[]},
 "cons"|"="|"lambda"|"append"|"define"|"+"|"-"|"*"|"^"|"<"|">"|"<="|">=",
```

```
                  {w,get[],get[]},
 "if"|"let"|"try", {w,get[],get[],get[]},
 _, w
 ]
]


(* output S-exp *)
output2[x_String] := x<>" "
output2[x_Integer] := ToString[x]<>" "
output2[{x___}] :=
Block[ {s},
 s = StringJoin["(", output2 /@ {x}];
 If[ StringTake[s,-1] == " ", s = StringDrop[s,-1] ];
 s <> ") "
]
output[x_] := StringDrop[ output2@x ,-1 ]

blanks = StringJoin@ Table[" ",{12}]

print[x_,y_] := (print2[x,StringTake[y,50]];
 print["",StringDrop[y,50]]) /; StringLength[y] > 50
print[x_,y_] := print2[x,y]
print2[x_,y_] := print3[StringTake[x<>blanks,12]<>y]
print3[x_] := (Print[x]; WriteString[o,x,"\n"])

let[n_,d_] :=
(
 print[ "define", output@ n ];
 print[ "value", output@ d ];
 PrependTo[names,n];
 PrependTo[defs,d];
)

run[fn_,whoami_,outputsuffix_] :=
(
 inputbuffer = {};
 names = {"nil"}; defs = {{}};
 t0 = SessionTime[];
 o = OpenWrite[fn<>outputsuffix];
 i = OpenRead[fn<>".l"];
 print3["LISP Interpreter Run"];
 print3@ "";
 CheckAbort[
```

```
 While[True,
(print3@ "";
 Replace[#,{
 {"define",{func_,vars___},def_} :> let[func,{"lambda",{vars},def}],
 {"define",var_,def_} :> let[var,def],
 _ :> print[ "value", output@ eval@ # ]
 }]
)& @ get[];
 print3@ ""
 ],
 ];
 print3@ "End of LISP Run";
 print3@ "";
 print3@ StringForm[
 "Elapsed time is `` seconds.",
 Round[SessionTime[]-t0]
 ];
 Close@ i;
 Close@ o
)

runall := run /@ {"examples","godel","utm","godel2",
                  "omega","omega2","omega3","godel3"}

$RecursionLimit = $IterationLimit = Infinity
SetOptions[$Output,PageWidth->Infinity];
```

訳者あとがき

　本書との出会いは、株式会社エスアイビー・アクセスの富澤　昇さんとの久方ぶり
の出会いで始まりました。大妻女子大学の野崎昭弘先生のご紹介によるものでした。
Lisp を使って、不完全性定理を扱うという、20 年近く前の「第 5 世代コンピュータ」
プロジェクトに参加していた頃なら、いかにも研究テーマとして取り上げられていた
のではないかというテーマなので、二つ返事で翻訳を引き受けました。

　この分野は、日本のどこかでひっそりとやられていてもよさそうな気がします。強
いて言えば、日本では、哲学者と数理論理学、あるいは、計算機工学との交流が少な
いので、こういう議論は目新しいかもしれません。研究者としてのスタートを切った
若い方々に、昨今の IT ブームの陰にも、こういう面白い分野のあることを知っていた
だけたら、きっと役に立つような気がします。

　IBM のワトソン研究所に私が居た 1990 年頃には、ひょっとすると廊下でチャイティ
ンさんとすれちがっていたかもしれないのですが、その頃は、残念ながら具体的な
行き来がありませんでした。まだあの頃は、RISC／CISC のワークステーションの議論
が盛んだったのですが。いまさらながら世界は小さいものだと、時間の過ぎ去るのは
速いものだと思います。同時に、ちょっとした小道を見過ごしていたことの多いのに
驚かされます。

　本書の原文は、講義をほぼそのまま起したような英文で、日本語の文章としては冗
長度が多いので苦労しました。あまりにくどい部分は、訳者の独断ではしょったとこ
ろもあります。インターネットで講義の資料や、チャイティンさんの他の著作をのぞ
いて見るのも、なかなか楽しい経験になるものと思います。

　訳出に当たっては、著者のチャイティンさんに一部の箇所を教えてもらい、妻の容
子に下訳をしてもらいました。また、住商エレクトロニクス株式会社 CAE 第 2 事業部
営業第 2 部 *Mathematica* グループ小澤和夫さんには、*Mathematica* 4.0 版によるプログ
ラムの動作確認にご援助いただきました。いつものことながら、一つの翻訳を仕上げ
るのに多くの人のお世話になりました。ここに併せて、御礼申し上げます。

　なお、チャイティンさんの電子メールのアドレスは次の通りです。

gjchaitin@gmail.com

平成 13 年 5 月（2021 年 1 月修正）

東京西郊、町田にて

黒川利明

著者紹介

Gregory J. Chaitin （グレゴリー・チャイティン）

アルゼンチン系米国人数学者でリオデジャネイロ在住。ブエノスアイレス大学名誉終身教授、南米最古のアルゼンチンのコルドバ大学名誉博士。IBM ワトソン研究所勤務時代には Power プロセッサのアーキテクチャと関連ソフトウェア開発チームに所属。

理論面では不完全性に関するゲーデルとチューリングの研究をコンピュータプログラムのサイズに拡張したので「情報学のゲーデル」と称されている。彼は、停止確率 Ω の発見者でもあり、それによって Wolfram Research の 2007 年ライプニッツ賞を受賞している。また進化をソフトウェア空間におけるランダムウォークと見なすメタバイオロジーの提案者でもある。

現在、「ダーウィンを数学で証明する」「メタマス!」「セクシーな数学」「知の限界」「数学の限界」の5 冊が翻訳出版されている。

メールの宛先は gjchaitin@gmail.com

ウェブサイトは https://uba.academia.edu/GregoryChaitin

主要著書

Algorithmic Information Theory, 改訂 3 刷, Cambridge University Press, 1990.

Information-Theoretic Incompleteness, World Scientific Publishing Company, 1992

The Limits of Mathematics, Springer-Verlag, 1998

The Unkowable, Springer-Verlag, 1999

Exploring Randomness, Springer-Verlag, 2001

Conversations with a Mathematician, Springer, 2001

Thinking About Gödel And Turing: Essays on Complexity, World Scientific Publishing Company, 2007

Meta Math!: The Quest for Omega, Vintage, 2008

Darwin alla prova. L'evoluzione vista da un matematico, Codice, 2013

訳者紹介

黒川利明 （くろかわ としあき）

1972 年、東京大学教養学部基礎科学科卒。東芝㈱、新世代コンピュータ技術開発機構、日本 IBM、㈱CSK（現 SCSK㈱）、金沢工業大学を経て、

現在　デザイン思考教育研究所主宰。IEEE SOFTWARE Advisory Board メンバー、町田市介護予防サポーター、次世代サポーター。

主要著訳書

著書に、『Scratch で学ぶビジュアルプログラミング ―教えられる大人になる―』（朝倉書店）、『Service Design and Delivery – How Design Thinking Can Innovate Business and Add Value to Society』（Business Expert Press）、『クラウド技術とクラウドインフラ』（共立出版）、『情報システム学入門』（牧野書店）、『ソフトウェア入門』（岩波書店）、『渕一博―その人とコンピュータサイエンス』（近代科学社）など。

訳書に『データサイエンスのための統計学入門第 2 版』、『Effective Python 第 2 版——Python プログラムを改良する 90 項目』、『Python によるファイナンス第 2 版——データ駆動型アプローチに向けて』（オライリー・ジャパン）、『事例とベストプラクティス Python 機械学習』、『pandas クックブック』（朝倉書店）、『メタ・マス！』（白揚社）、『セクシーな数学』（岩波書店）、『コンピュータは考える』（培風館）など。

数学の限界

2001 年 6 月 5 日　初版第 1 刷発行
2021 年 2 月 20 日　復刻改装版第 1 刷発行

著　者　　グレゴリー・J・チャイティン (Gregory J. Chaitin)
訳　者　　黒川利明
発行者　　富澤　昇
発行所　　株式会社エスアイビー・アクセス
　　　　　〒183-0015 東京都府中市清水が丘 3-7-15
　　　　　TEL: 042-334-6780／FAX: 042-352-7191
　　　　　Web site: http://www.sibaccess.co.jp
発売元　　株式会社星雲社（共同出版社・流通責任出版社）
　　　　　〒112-0005 東京都文京区水道 1-3-30
　　　　　TEL: 03-3868-3275／FAX: 03-3868-6588
印刷製本 デジタル・オンデマンド出版センター

Translation Copyright © 2001／2021 SIBaccess Co. Ltd.
printed in Japan　　　　　　　　　　　　　　　　ISBN978-4-434-28489-2

Translation from the English language edition:
　　　　　　　　　　　The Limits of Mathematics by Gregory J. Chaitin
Copyright © Springer-Verlag Singapore Pte. Ltd. 1998
Springer-Verlag is a company in the BertelsmannSpringer publishing Group
All Rights Reserved.
Japanese translation published by arrangement with Springer-Verlag GmbH & Co.KG through The English
Agency (Japan) Ltd.

SiB means *Small is Beautiful* and/or *Simple is Better.*